Ligue Française pour la Protection des Oiseaux

PRIX MAGAUD D'AUBUSSON — 1926-1927

CONCOURS DES REFUGES D'OISEAUX

Le nombre des Refuges d'Oiseaux organisés par la Ligue française pour la Protection des Oiseaux ayant atteint, puis largement dépassé le nombre de 500, le Comité a décidé, dans sa séance de juin 1926, sur la proposition de M. Adrien Legros, secrétaire adjoint aux Réserves et aux Refuges, qu'un concours serait ouvert entre tous les organisateurs et propriétaires des Refuges d'Oiseaux. Il a été également décidé que le prix Magaud d'Aubusson, créé en souvenir de notre ancien Président, serait affecté à ce concours, sous forme de médailles d'argent et de bronze et de diplômes.

Ce concours a été annoncé dans le Bulletin, et une circulaire, accompagnée d'un questionnaire, a été envoyée aux 500 premiers organisateurs de Refuges. Nous reproduisons ici le Règlement du concours.

RÈGLEMENT DU PRIX MAGAUD D'AUBUSSON

ARTICLE PREMIER. — Le Prix Magaud d'Aubusson, créé par la Ligue Française pour la Protection des Oiseaux, dans sa séance du 10 mars 1920, pour perpétuer la mémoire de son Président-fondateur, est réservé en 1926-1927 aux organisations créées sous le nom de *Refuges d'Oiseaux*.

ART. 2. — Les récompenses consisteront en médailles, plaquettes et diplômes de la L. P. O.

ART. 3. — Un concours est ouvert à cet effet dans toute la France entre tous ceux qui ont signé ou qui signeront pendant la durée du concours l'engagement de créer un refuge dans leur propriété.

ART. 4. — Le concours est ouvert du 30 juillet 1926 au 31 mars 1927 et l'adhésion des intéressés doit être transmise, entre ces deux dates, au secrétaire adjoint aux refuges.

ART. 5. — Chaque concurrent pourra fournir en même temps que son adhésion un rapport préalable sur les résultats obtenus dans son organisation. Le Comité jugera s'il y a lieu de visiter le refuge.

ART. 6. — La visite aurait pour objet de constater les efforts effectués par l'adhérent en vue de la protection effective des Oiseaux, tels que la pose de nichoirs, l'établissement de mangeoires, abreuvoirs, plantations, etc...

ART. 7. — Le secrétaire adjoint aux refuges, le secrétaire de la L. P. O., les présidents des sociétés affiliées ou un membre de la L. P. O. délégué pourront se rendre sur place pour opérer cette constatation.

ART. 8. — Le jury sera composé des Bureaux de la Fédération et de la L. P. O.

Il remettra ses conclusions au comité de la Ligue dans sa séance d'avril 1927.

Les récompenses seront remises dans la séance des récompenses de la L. P. O. au mois de mai 1927.

Des formules d'engagement pour la création de refuges seront envoyées sur demande adressée directement à M. Legros, secrétaire adjoint aux Refuges, 29, boulevard Pater, à Valenciennes (Nord).

Afin de nous rendre compte de l'organisation actuelle des refuges, nous avons fait, dans quelques-uns d'entre eux des visites intéressantes. Puis, nous avons visité deux des centres les plus importants de constitution des refuges, celui de Belley (Ain), aux destinées duquel préside M. Robin, commissaire de police de cette ville, et celui d'Auxerre, qui est en quelque sorte le fief de M. Berthelot, président de la Société de Protection des Oiseaux de l'Yonne.

REFUGES DU DÉPARTEMENT DE L'AIN

Belley est une charmante petite ville entourée d'un cirque de montagnes jurassiques. Sur les coteaux bien exposés, des vignobles et des arbres fruitiers, sur la montagne, des bois fort nombreux. Chaque localité a ses « communaux » dont l'exploitation est soumise à des usages locaux.

Les Oiseaux sont nombreux dans cette région, mais leurs ennemis sont aussi légion ; c'est pourquoi l'action de M. Robin a été si bienfaisante. Les résultats qu'il a obtenus sont dus à sa tenacité, qui a été secondée par sa qualité de commissaire de police. Si on chargeait les commissaires de police de France de la protection des Oiseaux, nous pourrions dormir sur nos deux oreilles ! Les enfants ne dénicheraient plus les nids, les adolescents les respecteraient, les adultes installeraient des refuges et le dernier braconnier ne tarderait pas à être incarcéré ou bien à venir, le fusil à la main, demander l' « aman » !

De grand matin, en compagnie de M. Robin, nous partons pour une première visite. Nous passons d'abord par le « Promenoir », magnifique promenade où sont installés de nombreux nichoirs, jalousement surveillés de loin par les élèves de l'école voisine, dirigée par M. Figeat, président de la Société Scolaire Protectrice des Ecoles de Belley (Refuge 370). De l'extrémité du Promenoir, dominé en quelque sorte par la masse énorme du Grand Colombier, M. Robin me désigne la plupart de ses refuges.

Voici sur le côté le refuge Dantin (367), le refuge Perret (368), le refuge Joly (394) et le refuge Pernollet (646) ; sur la droite, celui de Voiron (457), puis les refuges Violet (486), Brunet (483) et Fornel (487).

Nous montons une petite côte qui nous conduit par le refuge de l'Hôpital (391), et ceux de l'Institution Lamartine (616) et Martin Barbaz (571), au refuge Védrine (365).

Nous visitons en détail les installations ingénieuses de cette propriété, dont on trouvera plus loin un aperçu.

Ici, tout est prévu pour la protection des Oiseaux ; ils sont chez eux et ils le sentent. Les rôles sont renversés : ce sont les Oiseaux qui protègent l'homme, car les cultures leur doivent tout.

M. Védrine, dont une dangereuse blessure de guerre n'a point diminué l'activité, s'ingénie par tous les moyens à protéger les Oiseaux. Depuis ma visite, n'a-t-il pas mis sur pied, avec M. Robin, cette jeune Société de Protection de Belley, qui compta immédiatement plus de 130 membres, et qui s'est officiellement affiliée à notre groupement? On veut bien me dire que j'ai stimulé le zèle de quelques-uns, mais la chose était dans l'air. Un autre succès fut cette exposition de nichoirs, qui eut lieu à Belley du 27 janvier au 8 février 1927, et dont la richesse peut se juger sur la photographie ci-contre, prise avant l'installation des appareils. Une preuve, du reste, que M. Védrine sait se mettre « à la page », c'est qu'on voit dans ses nichoirs des modèles Hubinet dont je lui ai vanté le succès, et dont la fabrication va se poursuivre !

De là, nous allons au refuge 373, propriété de M. Sage, secrétaire de la sous-préfecture, que nous prenons en passant, puis au refuge 366, appartenant à M. Reymond, belle propriété avec nichoirs et désignée par une plaque Citroën. Ces différentes visites ont absorbé les heures de la journée et nous rentrons un peu fatigués des montées et des descentes, mais émerveillés d'un pays où, au détour de chaque sentier, on découvre un coin pittoresque, presque toujours consacré à la protection.

Le lendemain, nous débutons par les Ecassaz, dont une partie est un vaste refuge. Voici le n° 371 qui a 60 hectares et les refuges Morcel (395) et Charignin (576) ; à notre gauche, une autre colline, celle de Sonod, située au pied du Jura, en est également couverte ; nous y remarquons les deux refuges Simond (399 et 400), les refuges David (374) Barbier (485) et Bonhomme (392). Au fond du passage, le refuge du château de Musin (591), propriété de 50 hectares appartenant à la famille de Seyssel. Devant nous, depuis la hauteur de Belley jusqu'au Rhône, sur une longueur de 5 kilomètres du Nord au Sud, la montagne de Parves, dont les arêtes atteignent 600 mètres en moyenne d'altitude. Les bois dont cette montagne est couverte sont en partie des communaux, parmi lesquels ceux de Virignin et de Parves, qui sont d'excellents refuges d'Oiseaux (refuges n°ˢ 586 et 588). Les maires des communes, les sociétés de chasse adjudicataires, ont

Nichoirs et mangeoires.
Exposition d'appareils de protection.

promis de faire le possible et l'impossible pour que soient protégés efficacement tous les Oiseaux qui ne sont pas gibier.

Par une échancrure en forme de col, on aperçoit le Mont-Blanc. Nous achevons cette excursion par une visite aux tombeaux Girerd, bienfaiteurs de la ville de Belley, dans une grande et belle propriété que la ville a transformée en refuge.

Au courant de nos visites, nous remarquons dans les agglomérations, en bonne place, les grands placards Citroën, qui constituent pour l'œuvre des refuges une propagande qui a déjà porté ses fruits.

L'après-dîner, un autobus nous conduit à Thoys. En passant, nous voyons les « Grands Elevages Bressans », dont la propriété est un refuge (refuge n° 596), puis nous visitons les Communaux de Colomieu (refuge n° 629). Par une autre voiture, nous contournons un éperon boisé, et nous côtoyons la forêt de Veyrin ; à Premeyzel, nous passons devant la magnifique propriété de M. Hoff et devant les refuges de Peyrieu. Que dire de la vaste forêt de Rothones qui est encore un communal (refuge 390), si ce n'est qu'il faut s'étonner du succès de la propagande de M. Robin ? Ses suggestions sont écoutées comme des oracles et tout le monde répond à son appel.

Plus loin, avant d'atteindre Belley, voici encore les refuges Vertu (396), Bosquier (597), Mollard (461), Carotte (458 et 459) et les refuges Vollet et Hôte-Bridon (600 et 605).

Le lendemain, autobus de Belley à La Balme, sur le Rhône. On côtoie Sonod où sont les refuges des Communaux, et on visite le refuge Ronchet (375). On passe à Virignin, où sont les communaux que M. Robin a fait transformer en refuges d'Oiseaux par le maire de la commune. Virignin a également une Société Scolaire de Protection des Oiseaux et les refuges Colas et Maret (631).

On atteint le Rhône. Remarqué une grande île. Il suffit que j'indique le rôle que pourrait jouer cette île dans la protection de la faune aquatique du Rhône, pour que M. Robin me fasse la proposition d'essayer de toucher le propriétaire. Espérons que cette île, on « l'aura », comme on a eu les autres refuges.

Mais voici Pierre-Châtel, dont le fort, situé tout en haut de la falaise, est un de nos beaux refuges. Ce domaine est coupé de belles haies de buis et rempli d'abris où chante un monde d'Oiseaux. De Yenne à La Balme, le Rhône est resserré, sur 3 kilomètres, entre deux chaînons du Jura où il s'est ouvert un chemin que de hautes falaises dominent à droite et à gauche. Ce défilé pittoresque à travers les gorges de Yenne n'est pas seulement un chemin suivi par le fleuve et par les hommes, mais un lieu de passage pour les Oiseaux. Quelques-uns venant du Nord avec le fleuve et d'autres venant du « Chat », s'y trouvent si bien qu'ils s'établissent dans les buissons, dans les crevasses, dans les arbres en équilibre instable, dans une fente de rocher.

Il y a là toute une population de Corbeaux, tribu ou clan, dont les ébats réjouiraient fort notre secrétaire général, M. Chappellier. On commence à voir le résultat de la répression du braconnage. M. Robin n'a pas seulement poursuivi les ravageurs des bois et des forêts qui dénichent et détruisent tout sans discernement, mais aussi les ravageurs des rivières à Truites. De nombreuses contraventions ont diminué le nombre de ces dangereux braconniers.

Arrêt, en revenant de Pierre-Châtel, à Yenne — où l'on fabrique les délicieux gâteaux de Savoie — et au refuge Perrin (574) et vu au passage, les refuges Brunet (484) et Chifflet (606).

L'après-midi, visite du refuge Martin-Perret et du refuge Dantin sur la route de Chazey-Bons, ainsi que du refuge Gutneckt (599). Enfin, visite de la maison natale de Brillat-Savarin, dont le parc est transformé en refuge (598).

J'ai fort regretté de ne pouvoir visiter la forêt d'Yzieux ni les bois de Cressieux, l'Huis, Massignieu, etc., où nous avons encore des refuges intéressants et fort étendus, mais ces localités ne sont desservies ni par le chemin de fer, ni par l'autobus. Novalaise est aussi à plus de 12 kilomètres vers le sud. Le garde de cette commune, M. Thomassier, s'est distingué par sa propagande et s'est acquis des droits à notre reconnaissance par son activité en faveur des refuges.

Le lendemain, à cinq heures et demie, nous montons

en autobus avec M. Lépaulle. Le brouillard est dense, le froid de plus en plus vif au fur et à mesure que nous escaladons le col du Chat. En passant, nous remarquons le refuge du domaine d'Arcollière (378). Nous sommes de très bonne heure au Bourget et à Chambéry où se tient une foire commerciale fort bien aménagée dans une caserne désaffectée. A Aix-les-Bains, j'ai le déplaisir de ne pas rencontrer M. Villermoz qui n'a pas été touché par ma lettre, mais je passe devant quelques refuges organisés par cet excellent protecteur, en particulier à Drumettaz-Clarafond.

De ce voyage au Bugey, j'emporte l'impression qu'il a été fait ici des choses énormes. Belley est devenu un centre de protection des Oiseaux, grâce à la persévérante volonté de M. Robin.

***

REFUGE 365

Contenance un hectare. — Lieudit : « Sous-Melon », à Belley. — Organisateur : M. Joseph Védrine.

M. Joseph Védrine possède, en dehors de la ville, une maison de campagne entourée d'une magnifique propriété, et située dans une rue haute, bordée de villas et de domaines.

La « campagne » de M. Védrine est une propriété de plus d'un hectare, très tranquille, sur une pente exposée au levant, close de murs et de grillages où personne ne peut pénétrer sans autorisation.

Naturellement, ce n'est pas d'hier que M. Védrine a un goût prononcé pour les arbres et les Oiseaux. Mais c'est dans ces dernières années qu'il a pu réaliser son rêve de consacrer ses moments de loisir à la protection des Oiseaux utiles.

En huit années, il a su faire de sa propriété une organisation modèle. Il a planté des arbres et des arbustes à feuilles persistantes, puis des essences forestières dont quelques-unes à baies et à fruits. Il a ainsi obtenu un ensemble recommandable, aimé des Oiseaux en toutes saisons.

Contre les immeubles servant d'écuries, de pressoir, de remise et de volières, sont accrochés des nichoirs de formes variées dont le nombre atteint 43. On y trouve le nichoir-bûche et le nichoir-boîte aux lettres, et jusqu'à des châlets doubles, triples et quadruples.

La grande majorité de ces nichoirs a été habitée en 1926. On peut dire que toutes les espèces d'Oiseaux qui nichent dans des trous ou dans des cavités ont habité les appareils de M. Védrine. Mécanicien, il sait admirablement travailler non seulement les métaux, mais aussi le bois et il a pris un plaisir évident à façonner de ses propres mains, avec des matériaux de premier choix, ces petites habitations, ces « maisons d'Oiseaux », qui trouvent aussitôt des amateurs enthousiasmés. M. Védrine, du reste, n'est pas un propriétaire grincheux, il accorde toujours à ses locataires un long moratoire : Rossignols de muraille, Rouges-Queues, Pics, Sittelles, Chevêches, et bien d'autres, en savent quelque chose.

Pendant l'hiver de 1926, M. Védrine a creusé ou assemblé une centaine de nichoirs. Il va expérimenter, cette année, les nichoirs Hubinet, et nul doute qu'il n'obtienne les mêmes résultats que l'inventeur de ce nouveau modèle.

La question de l'eau a été résolue par la captation d'une source, dont le débit entretient une pièce d'eau disposée si ingénieusement que tous les Oiseaux viennent s'y abreuver en toutes saisons.

En nous plaçant un peu à l'écart, nous pouvons voir à certaines heures, les petits volatiles se rendre à tire-d'ailes sur les bords de cet abreuvoir.

L'hiver est, on le sait, très rigoureux dans beaucoup de parties du département de l'Ain ; la neige tombe en abondance et séjourne longtemps sur le sol. Beaucoup d'Oiseaux meurent de faim et de froid pendant ces périodes hivernales. M. Védrine pratique le nourrissage à l'aide de caissettes remplies de poussières de foin, de miettes de pain, de grains cassés, de déchets de pommes, de restes de graisse. Il y a toujours, sous les ramures des cèdres, des sapins et des autres arbres à feuilles persistantes, des endroits privilégiés où ces caissettes sont placées à l'abri de la neige. Nul besoin de dire que la provende trouve de nombreux amateurs qui, ainsi attirés, élisent définitivement domicile dans la propriété et s'y reproduisent.

Parmi les ennemis des Oiseaux, M. Védrine cite, en premier lieu, le Chat. Les Chats, qui pullulent dans les champs et les jardins, chassent nuit et jour et commettent de véritables méfaits, même dans la propre basse-cour de leur propriétaire. M. Védrine n'hésite donc pas à se débarrasser de ceux qui fréquentent très volontiers — et pour cause ! — sa propriété. Selon lui, c'est de la poudre bien placée. Jamais propriétaire n'a été si mal servi que par un Chat domestique. M. Védrine ne croit pas aux protestations des personnes qui prétendent que le Chat domestique bien nourri est indifférent aux Oiseaux. Un Chat est un Chat. Son instinct le pousse à attraper les petits Oiseaux et il n'y manque pas. C'est donc, dit M. Védrine, affaire de mauvaise foi, d'ignorance ou de parti-pris de la part de ceux qui veulent innocenter le Chat. Ce son de cloche, nous le retrouverons ailleurs, et la conclusion sera toujours la même de la part des bons observateurs. La personnalité la plus autorisée pour nous faire cette confidence n'a-t-elle pas affirmé que si les Oiseaux du bois de Boulogne disparaissaient, c'est la faute du Chat, et par conséquent, de ses défenseurs. Le nombre des Chats, redevenus sauvages, qui vivent dans ce bois est véritablement effrayant. Aussi la situation est-elle délicate.

Pour ma part, j'ai observé, dans mon jardin, un Chat qui est parvenu, malgré toutes mes précautions, à s'emparer de presque tous les Oiseaux du voisinage, et particulièrement des Mésanges. Je n'ai malheureusement pas le droit — que je sache — de tuer ce Chat exterminateur, comme dit La Fontaine.

Du reste, si l'on veut, relativement au Chat, une référence sérieuse, on pourra lire, dans *l'Oiseau* (Vol. VII, N° 4, avril 1926), sous la signature de Hachisuka (Notes ornithologiques sur l'Irlande) que, dans ce pays, la rareté du Troglodyte est due à la multiplication du Chat domestique :

« Il est exact, en effet, que les Chats sont très nuisibles aux Oiseaux, car j'ai entendu dire qu'en été ils quittent la maison pour vivre presque à l'état sauvage, au milieu des laves où ils se nourrissent d'Oiseaux. Autour de leurs retraites habituelles, on trouve toujours un grand nombre de plumes de Lagopède, ainsi que d'autres Oiseaux. »

Ce témoignage confirme ce que nous pensons depuis longtemps, à savoir que le Chat est le plus dangereux ennemi des Oiseaux.

Les Oiseaux ont aussi des ennemis chez les Oiseaux. M. Védrine signale que l'Emouchet et l'Autour, assez communs dans la région, sont de grands destructeurs de petits Oiseaux. Il est difficile de s'en débarrasser. Bien souvent, il faut se résoudre à employer une arme à feu.

Quant aux enfants, on l'a dit, « leur âge est sans pitié ». Ils tendent des pièges dans la saison d'hiver et détruisent les nids au printemps. D'autres, en plus petit nombre heureusement, possèdent des carabines avec lesquelles ils abattent tout ce qui se trouve à leur portée. Que dire des parents qui mettent une arme dans les mains de leurs enfants, en guise de récompense!

M. Védrine pense que c'est par l'école qu'il faut agir. Eh! oui! Frappons sur ce clou. Enfonçons bien cette idée dans la tête des gens: l'émulation qui résulte d'actes de protection est capable d'inculquer à l'enfant la vertu nécessaire pour devenir un bon protecteur. C'est parler d'or que de répéter ces préceptes.

Sur les autres causes de la diminution des Oiseaux, M. Védrine m'a dit d'excellentes choses que j'ai déjà, du reste, écrites et répétées dans maintes réunions et dans des articles de journaux et revues.

*
* *

Qu'un pittoresque chemin creux, bordé de vieux arbres, soit plus apte à retenir les Oiseaux qu'une belle route aux arbres soignés, personne n'en doute, non plus que de l'efficacité des haies d'enclos remplacées aujourd'hui par des fils barbelés! J'ai dit ailleurs que nous payons la rançon du progrès. C'est pourquoi des nichoirs bien conditionnés sont utiles partout où l'on met de l'ordre, de la propreté, de la régularité, là où la nature apportait sa diversité et son imprévu.

Les destructions d'Oiseaux en masse n'ont pas lieu dans l'Ain. M. Védrine qui connaît bien sa contrée, me l'affirme. C'est l'hiver, « tueur de pauvres gens » qui est ici, par sa soudaineté, « tueur de petits Oiseaux ». C'est la justification des abris, comme en Norvège, et du nourrissage hivernal.

Et voici un autre avis autorisé, celui d'un chasseur doublé d'un armurier. On a tort de prolonger la chasse au delà de la fin de janvier, même pour le gibier d'eau. Du reste, on le sait, ouvrir une seule brèche dans la fortification, c'est permettre à l'ennemi d'entrer dans la place. Sous prétexte de tirer des Oiseaux d'eau, on tue tout ce qu'on rencontre. Connaissez-vous un chasseur ayant du sang dans les veines, qui verrait, en chassant le Canard, partir à bonne portée un succulent gibier, et qui ne lui enverrait pas un coup de fusil?

Les chasseurs, peu scrupuleux, mettons aussi ceux qui ne voient pas très clair, et qui confondent un Canard avec un Lièvre, les jeunes chasseurs inexpérimentés, font un tort considérable même aux petits Oiseaux, à cause de cette tolérance légale.

Ne pourrait-on pas aussi, dit M. Védrine, faire l'éducation du chasseur? On lui met un fusil en mains ou plutôt il s'en achète un, et le voilà promu chasseur! Il n'a même jamais lu l'arrêté préfectoral de son département sur la chasse. Encore moins connaît-il les dispositions législatives qui règlent la matière. Qu'on fasse une brochure où le chasseur puisse lire ses droits et ses devoirs, et qu'on en donne un exemplaire à chaque postulant qui obtient un permis de chasse.

Il va sans dire que nous réclamons instamment l'insertion, dans cette brochure, de la *Convention internationale de 1902*, comme aussi des notions sommaires concernant l'utilité des Oiseaux. Le Ministre de l'Agriculture et le Ministre de l'Intérieur, ne pourraient-ils s'entendre pour faire rédiger cette brochure par un spécialiste?

Il n'est pas question, bien entendu, de porter la moindre atteinte au droit de chasse, dont le produit est une véritable richesse nationale, surtout si l'on y joint les bénéfices des industries qui s'y rattachent.

A défaut de l'Etat, les Sociétés de chasse pourraient

prendre l'initiative d'instruire les chasseurs, car, de plus en plus, ces Sociétés jouent un rôle considérable. Je me propose d'attirer l'attention de qui de droit sur cette suggestion.

*
* *

Mais revenons aux questions qui touchent directement l'organisation des refuges. M. Védrine, dans ses observations, a insisté sur l'emplacement des nichoirs. Les siens sont, pour une bonne part, cachés dans un enchevêtrement de plantes grimpantes, lierre et chèvrefeuille. Les autres sont disposés le long de troncs et de murailles. Je n'entrerai pas dans le détail des dispositions dont M. Védrine a préconisé l'usage. Chacun les trouvera par l'expérience, mais il en est quelques-unes que je tiens néanmoins à divulguer. Pourquoi des nichoirs jumelés, par exemple? Parce que les Oiseaux qui font une deuxième couvée, préfèrent, à l'instar du Pigeon, refaire un nid neuf à côté du leur, plutôt que d'utiliser le premier, souillé par les jeunes.

Sur la question du Moineau, M. Védrine ne se prononce pas. Il laisse à chacun, selon la situation de sa propriété, toute latitude pour déterminer la limite au delà de laquelle cet Oiseau devient un fléau. Mais sur un autre point spécial, M. Védrine est formel : le Moineau, en cherchant à s'emparer d'un grand nombre de nichoirs, est vraiment nuisible dans un refuge.

En résumé, le refuge de M. Védrine est un modèle du genre. Visité par les étrangers et par les adhérents de la jeune Société de Protection qu'il a fondée, cette organisation trouvera de nombreux imitateurs. Ou plutôt, comme on l'a vu, ce résultat est déjà acquis, puisque la région de Belley se couvre de refuges, garnis de nichoirs variés. M. Védrine a pu me dire avec raison que la crise du logement est conjurée chez lui pour les Oiseaux. La provende est largement dispensée aux hôtes de nos jardins et de nos vignes, la boisson ne leur fait pas défaut, — ni la sympathie.

Nous nous proposons donc d'attribuer à M. J. Védrine une médaille d'argent grand module de notre Ligue.

*
* *

REFUGE 646

Contenance : un hectare. — Lieudit : « avenue d'Alsace-Lorraine ». — Organisateur : M. Etienne PERNOLLET.

En pleine ville de Belley, M. Etienne Pernollet possède une propriété plantée de vignes, d'arbres fruitiers et où il fait une importante culture maraîchère. L'eau y coule en abondance : il y a même, au centre, une pièce d'eau assez importante. Des bâtiments servent à l'exploitation.

M. Pernollet, qui est l'un des membres fondateurs de la Société de Belley, a posé des nichoirs du type *boîte-aux-lettres*, simples et doubles, le long des écuries et des bâti-ments à quatre ou cinq mètres de hauteur. Il a eu le plai-sir de constater de nombreuses nichées de Rossignols de muraille et de Mésanges. Dans les arbres fruitiers du jardin sont disposés des nichoirs-bûches occupés par des Sittelles, des Torcols et des Mésanges.

Pour le nourrissage hivernal, M. Pernollet a fait cons-truire un châlet-refuge qui contient aussi des nichoirs, de sorte qu'il est occupé également pendant la bonne saison. Nourriture : miettes de pain, débris de cuisine, graines cassées, graisse. Je conseille à M. Pernollet d'utiliser la moëlle fraîche dans un os suspendu par un fil de fer. M. Hubinet, de Glageon, préconise ce mode de nourris-sage qui donne des résultats extraordinaires en attirant et en retenant les Mésanges.

M. Pernollet n'a point à craindre les ennemis des Oiseaux, sa propriété est très bien close. Il poursuit, du reste, une expérience, et il se propose, en cas de réussite, de faire dans ses autres propriétés, des organisations ana-logues.

La Commission est d'avis que M. Pernollet reçoive un diplôme d'honneur pour l'organisation du refuge n° 646.

*
* *

REFUGE 367

Contenance : un hectare. — Lieudit : « La Lizieu ». — Organisé par M. DANTIN, propriétaire, à Belley.

La propriété de M. Dantin est de l'importance approximative de celle de M. Pernollet, dont nous venons de parler, mais elle est située en dehors de la ville et close de murs. On y trouve des arbres fruitiers, de la vigne, des arbres d'agrément.

Tout considéré, la propriété de M. Dantin est idéalement placée pour faire un refuge d'Oiseaux. L'eau de la ville y coule en abondance, à proximité, et les Oiseaux ne se privent pas d'y venir faire leurs ablutions aux heures qui leur sont habituelles.

Une volière de basse-cour, où la nourriture est toujours largement assurée, approvisionne indirectement les Oiseaux qui fréquentent la propriété.

M. Dantin a commencé par cinq nichoirs et chaque année voit s'accroître le nombre de ses appareils de nidification. Dans son entourage, on respecte les Oiseaux et M. Dantin n'a jamais appris qu'on en détruisît en masse dans la région. Ses nichoirs sont disposés sur les murs de l'habitation ; quelques bûches sont placées sur piquets dans les vignes. Cette tentative est à suivre ; donnera-t-elle des résultats probants ?

En somme, le refuge de M. Dantin est un heureux début. Trésorier de la Société de Belley, l'organisateur prend goût à la protection. Son refuge deviendra certainement intéressant. La Commission est d'avis de décerner à M. Dantin un diplôme de mention honorable.

*
* *

REFUGE 571

Lieudit « Braille ». — Organisateur : M. Martin BARBAZ.

Nous sommes ici dans une propriété dont la renommée est considérable. En 1925, M. Martin s'est vu, en effet, décerner par le Comice Agricole de Belley le Prix du Président de la République.

Trois hectares ont été choisis sur une grande propriété agricole pour tenter une expérience d'organisation de refuges d'Oiseaux. Dans cette partie, sont plantés des arbres de toutes variétés. C'est dans le verger, sur des arbres fruitiers, qu'ont été disposés les nichoirs de M. Barbaz. Ces appareils sont fréquentés par des Mésanges, des Rossignols de muraille et par d'autres espèces. Aux murs sont suspendus d'autres nichoirs destinés aux mêmes Oiseaux. Des Micocouliers et des Sorbiers offrent leurs fruits en hiver aux Oiseaux. Aux environs immédiats du refuge, l'eau se trouve en abondance, si bien qu'il a été possible de supprimer les abreuvoirs. M. Martin fait depuis longtemps de la protection et du nourrissage hivernal. Il se trouve bien de mettre à la disposition de ses protégés des marcs de raisin provenant de la distillation. Cela m'a rappelé que dans le Nord, en Normandie et en Bretagne, on peut offrir aux Oiseaux les marcs provenant du pressurage des pommes à cidre ; les Oiseaux y picorent les pépins des fruits et mangent avec avidité la pulpe. Chaque contrée, on le voit, conçoit le nourrissage hivernal avec ses propres ressources. Il n'est jamais défendu d'ajouter, à ces provendes locales, les graines petites et moyennes du Chènevis, du Millet et du Soleil; M. Barbaz voit avec plaisir ses enfants s'intéresser au nourrissage hivernal en offrant des miettes et des restes à leurs amis ailés.

M. Barbaz pense qu'on peut s'accommoder de nos dispositions législatives actuelles, à condition de les appliquer sérieusement. Mais l'avenir est entre les mains de l'éducateur. Des leçons appropriées feront connaître aux enfants l'utilité des Oiseaux, en énumérant les services qu'ils rendent gratuitement.

Vice-président de la Société de Belley, M. Barbaz est un protecteur convaincu. La Commission est d'avis de lui décerner un diplôme d'honneur.

*
* *

Refuge 574

Organisateur : M. Perrin. — Hameau de Coron.

Le hameau de Coron est pittoresque.

Nous sommes aimablement accueillis par M. Perrin, et la visite commence aussitôt. Le propriétaire du domaine a débuté avec six nichoirs et il a obtenu, la première année, des résultats encourageants : quatre nids de Mésanges et deux de Torcols. Trois ou quatre des couples ont été obtenus avec des bûches, que M. Perrin considère comme les nichoirs les plus pratiques. Il pense que tout ce qui s'éloigne de la nature pour tomber dans la fantaisie est susceptible d'accroître les déboires et d'être une cause d'abandon. La méfiance de l'Oiseau est grande, et il faut se persuader qu'il ne manquera pas de prendre pour un piège un nichoir de forme paradoxale.

M. Perrin est d'avis qu'à la campagne, on peut toujours trouver des branches et de petits troncs avec un commencement de creusage naturel. Il suffit alors de parfaire le travail. Cela nous a rappelé que M. Hubinet n'avait pas agi autrement et qu'il avait trouvé sans peine une cinquantaine de bûches dont la cavité naturelle n'avait eu besoin que de quelques améliorations de détail.

M. Perrin a, du reste, sur la constitution d'un refuge, des idées bien arrêtées. Il veut que ces organisations ne soient établies que dans des endroits qui remplissent les conditions assurant le succès de l'entreprise. Configuration, exposition, plantations, eau, nourriture, il a tout discuté, tout placé en ligne de compte. Lui aussi obtient de bons résultats avec le marc de raisin comme nourriture hivernale.

M. Perrin mène la vie dure aux ennemis des Oiseaux. Il considère comme dangereux : les Fouines, les Putois qu'il piège toute l'année ; le Renard toujours abondant dans le pays ; mais il assigne au Chat domestique ou redevenu sauvage le premier rang parmi les ennemis des Oiseaux. Il faut limiter le nombre de ces animaux et ne conserver que ceux qui sont vraiment indispensables.

A ce propos, qu'on me permette une digression. Le nombre des Chiens déclarés en France dépasse quatre millions, mais le nombre total de ces animaux est voisin de sept millions, qui mangent comme cinq millions de citoyens. On pourrait donc dire que la population de la France, y compris les Chiens est de 50 millions d'habitants. On ne criera pas à l'exagération si j'évalue à une douzaine de millions le nombre des Chats qui vivent dans les maisons et dans le pays. Comptez maintenant le nombre d'Oiseaux qui paient tribut annuellement à ce minotaure d'un nouveau genre !

Les autres ennemis des Oiseaux, sans parler de l'Homme, sont encore des Oiseaux : Pies, Geais et Corbeaux qui gobent les œufs des couvées, dévorent les jeunes, et pour lesquels aucun nid n'est inaccessible! Aussi M. Perrin est-il d'avis qu'il faut prendre contre ces destructeurs des mesures impitoyables. C'est le seul moyen de sauvegarder le reste.

Pour les hommes, M. Perrin réclame une sévérité exemplaire. Qu'ils soient dénicheurs d'occasion, chasseurs sans scrupules ou braconniers de profession, les gendarmes, les gardes et les juges ne doivent pas les ménager.

Le nombre des nichoirs de M. Perrin s'est singulièrement accru en 1926. Il en a placé dix autres à des endroits judicieusement choisis et même, à l'exposition de la Société de Protection de Belley, qui a eu lieu le 27 janvier dernier, M. Perrin a présenté dix autres nichoirs confectionnés par lui, d'après les données indiquées plus haut, et qu'il a placés en février, en vue d'une occupation printanière par les charmants hôtes de passage.

La Commission est d'avis de décerner à M. Perrin une médaille de bronze.

*
* *

REFUGE 366

Organisateur : M. Hippolyte Reymond. — Avenue Hoff, à Belley.

M. Reymond possède un domaine merveilleusement situé pour être organisé en refuge. Ce domaine comprend un grand bâtiment d'habitation situé sur un vaste emplacement planté d'arbres variés. Jardin, verger, rien n'y manque. M. Reymond a débuté avec une douzaine de nichoirs boîte-aux-lettres, quatre seulement ont été fréquentés, dont un à trou bas.

L'insuccès des autres est dû à la présence d'une Fouine qui avait établi son domicile dans un bûcher isolé et aux Chats du voisinage qui ont croqué les Oiseaux trop confiants. Toujours le Chat! M. Reymond a recouru, en fin de compte, aux boulettes empoisonnées, et son domaine s'est repeuplé en Oiseaux.

Les plantations existantes ont été renforcées par des Cerisiers, des Sorbiers, des Merisiers. Des pieds de Chèvrefeuille et de Lierre commencent à grimper aux arbres. Du reste, il y a plus de cent pieds de Vigne dans l'enclos. Pièce d'eau et abreuvoirs en ciment. Nourrissage sommaire par débris de cuisine et restes de graines. Jamais un coup de fusil ou de carabine dans le refuge. Ainsi, tranquillité parfaite.

Outre le Chat, M. Reymond signale le Rat comme un ennemi des Oiseaux. Qu'on consulte à ce sujet, le rapport de la visite du refuge Hubinet. On y verra que les Souris sont également à redouter et qu'elles mangent les œufs des couvées.

Une fois de plus, M. Reymond nous confirme qu'on ne fait pas dans le Bugey de massacres en masse des Oiseaux, comme dans le Midi. Néanmoins, les choses n'en iraient que mieux si tous les gardes prenaient leur service au sérieux.

La Commission est d'avis que M. Reymond reçoive un diplôme d'honneur.

*
* *

Refuge 373

Appartenant à M. Alphonse Sage, secrétaire en chef de la sous-préfecture, à Belley (Ain).

La jolie propriété de M. Sage est le type du petit refuge qui peut être installé un peu partout, même dans les villes et les agglomérations populeuses. M. Sage nous en a fait les honneurs à M. Robin et à moi. Accueil charmant d'un homme qui parle de ses Oiseaux comme de ses meilleurs amis. La première année, M. Sage mit neuf nichoirs dans sa petite propriété, et du type boîte-aux-lettres qu'il construisit lui-même. Il eut le plaisir de les voir occupés et d'y noter des élevages.

L'efficacité de ce refuge provient surtout d'une haie de Lierre renforcée de Ronces et d'Aubépines, sur une longueur de 31 mètres et une épaisseur d'un mètre. Il est impossible de dénombrer les nids qui s'abritent dans un pareil système. L'année dernière, au reste, j'ai vu un

vieux mur de 30 mètres de long sur trois mètres de haut
qui était couvert d'un vieux Lierre certainement cinquan-
tenaire. Le propriétaire, M. Durosoy, de Corbie, voulant
émonder son Lierre n'avait pas plutôt commencé l'opéra-
tion qu'il l'arrêtait net. Il avait en effet sur un mètre de
longueur, découvert cinq nids, preuve certaine qu'un pareil
abri a une capacité considérable au point de vue de la
protection.

M. Sage a planté des arbres à baies et construit des
petits abreuvoirs en ciment qu'il a dissimulés sous les
avant-toits d'un hangar ouvert. Rien de particulier pour
le nourrissage. En pleine ville, les ennemis des Oiseaux
sont peu nombreux. Le seul à craindre est le Chat.
M. Sage demande qu'on applique tout simplement les
lois sur la chasse et qu'on se conforme aux arrêtés pré-
fectoraux. La Convention de 1902 devrait être la base
des lois de la protection.

La Commission décerne à M. Sage un diplôme d'honneur.

*
* *

REFUGE N° 616

« Clos Lamartine », à Belley.

Un petit parc attenant à une maison historique a déjà
été transformé en refuge d'Oiseaux ; c'est celui de la
maison de Brillat-Savarin, l'auteur de la Physiologie du
Goût. M. le Juge de Paix de Belley, qui l'habite actuellement, nous en fit les honneurs.

Nous avons pensé que d'autres enclos semblables pourraient devenir également des refuges d'Oiseaux. Nous
avons donc été heureux que la ville de Belley et le directeur du Collège Lamartine aient bien voulu donner une
telle destination au « Clos Lamartine », dont M. l'abbé
Pernin est économe.

Ce clos est planté d'arbres variés, dont quelques-uns
ont plus de deux cents ans. On y trouve partout d'autres
essences diverses. des Lierres et des Chèvrefeuilles,
ainsi que de vieilles charmilles justement célèbres, dont
la photographie a popularisé la vue et qui ont même été
chantées par Lamartine.

M. l'abbé Pernin a aussitôt installé, pour commencer, huit nichoirs-bûches qui ont été fréquentés par les Mésanges, des Torcols et des Sittelles. La question de l'eau ne se posait pas. Il y a là, dans le clos, plusieurs installations où les Oiseaux viennent s'abreuver depuis longtemps. La présence d'un grand nombre d'élèves dans une cour d'institution ou d'école attire les Oiseaux qui viennent nombreux après chaque récréation ramasser les miettes tombées à terre ou même les bouchées jetées à leur intention. Ils prélèvent aussi un tribut assez important sur la graine de la volaille, surtout les Moineaux.

Ce qui donne à une pareille installation tout son prix, c'est qu'elle est une véritable école d'application pour les leçons données en classe sur le respect des Oiseaux. Le Collège Lamartine dispense l'instruction et l'éducation à un grand nombre d'élèves, pour la plupart fils d'agriculteurs, et ces jeunes gens élevés dans les idées de protection deviendront, dans leur ferme, des propagateurs ardents en faveur du respect des Oiseaux. On voit combien un pareil refuge peut donner, à l'avenir, d'heureux résultats.

M. l'abbé Pernin est l'ami des Chats domestiques quand leur rôle est d'attraper les Souris et les Rats ; mais il est, après des observations minutieuses, également un ennemi du Chat errant, fléau des petits Oiseaux, et destructeur incomparable de nichées et de parents. Une bonne mesure de protection des couvées contre le Chat consiste à lier sur les troncs d'arbres munis de nichoirs, de petits fagots d'épines qui empêchent l'animal de monter à l'assaut du nid.

Nous suivrons avec un intérêt évident le développement des efforts de M. l'abbé Pernin, et la Commission lui décerne une médaille de bronze grand module.

*
* *

REFUGE N° 368

Appartenant à M. Marc Perret, demeurant à Lisieu, commune de Belley (Ain).

La propriété de M. Perret a une superficie qui dépasse deux hectares. La maison d'habitation est entourée d'un vaste verger planté d'arbres fruitiers, d'un petit vignoble et de plantations diverses.

Huit nichoirs sont d'abord installés. Puis, on a placé des poteries pouvant servir à la nidification. Un mur de soutènement a rendu de grands services pour la pose des nichoirs, qui ont tous été habités par des Mésanges. Une grande volière a été aménagée pour l'élevage des Pinsons et des Chardonnerets qui s'échappent souvent du nid avant de savoir bien voler et qui deviennent la proie des Chats. On remet les Oiseaux en liberté quand ils sont capables de subvenir à leur nourriture.

Des arbres à baies contribuent au nourrissage hivernal. Des récipients de formes diverses permettent aux Oiseaux de s'abreuver. L'hiver, des graines de Millet, de Chènevis et d'Alpiste, de l'Avoine, du Blé cassé, sont distribués aux Oiseaux avec les miettes et les restes des repas. Des Eperviers déprédateurs ont été tués. M. Perret est d'avis qu'une organisation sérieuse devrait être tentée pour réprimer le dénichage et le braconnage.

La Commission lui décerne un diplôme de mention honorable.

*
* *

REFUGE N° 370

Installé au « Promenoir » de Belley par M. Figeat, directeur d'école.

Ce que nous avons dit du refuge du « Clos Lamartine » peut s'appliquer au « Promenoir ». Ce magnifique emplacement est une vaste promenade publique, plantée d'arbres séculaires et qui se trouve devant un groupe scolaire comprenant une école primaire supérieure et une école de garçons, dirigée par M. Figeat. Les enfants suivent avec un intérêt considérable l'expérience publique de protection des Oiseaux. 21 nichoirs ont été installés sur les grands arbres, sur les bâtiments de l'école et sur d'autres emplacements convenables. La plupart de ces nichoirs ont été confectionnés par les élèves eux-mêmes d'après des modèles achetés dans ce but. Pas un n'est resté inoccupé. Un seul a été accaparé par des Moineaux.

J'ouvre ici une parenthèse pour dire, à ce propos, que peu de Moineaux parviennent à se faufiler dans nos nichoirs. Des chiffres que j'ai relevés, il résulterait que 5 % des nichoirs, environ, donnent asile aux Pierrots. On dirait qu'ils sentent que ces boîtes ne sont pas faites pour eux. Ils fréquenteraient, de préférence, les poteries qu'on mettait dans ma jeunesse, précisément pour les inciter à y élever une couvée destinée à la casserole.

Au milieu de ce refuge, se trouve un kiosque à musique couvert, inutilisé pendant l'hiver. Les élèves de l'école y déposent des débris de pain, des restes de repas ou des graines et ce kiosque est devenu un « chalet de nourrissage » certainement unique en son genre.

Les élèves de l'Ecole du Promenoir sont organisés en une société scolaire, dont ils s'occupent activement. C'est avec indignation qu'ils apprennent qu'un attentat a été perpétré contre leurs Oiseaux. « Ce fut, me dit M. Figeat, un véritable événement, le jour où l'on m'apporta une pauvre Mésange qui s'était tuée contre les fils électriques. » Et M. Figeat ajoute avec raison : « Le cœur de nos enfants n'est-il pas le meilleur des refuges pour nos petits Oiseaux ? »

La Commission décerne à M. Figeat une médaille de bronze grand module.

*
* *

REFUGE N° 492

Organisé par M. Marius Giraud

M. Giraud pense que le nichoir constitué par un pot de terre, qu'on délaisse actuellement, a néanmoins du bon. Les Rubiettes l'adoptent volontiers, ainsi que les Rossignols de muraille, leurs cousins. Mais l'inconvénient de ce nichoir provient de la facilité avec laquelle les Moineaux l'accaparent et en chassent les premiers propriétaires.

Le refuge de M. Giraud contient encore d'autres nichoirs qui, aussitôt placés, ont été visités et fréquentés par les Mésanges. Ce protecteur préconise les nichoirs boîte-aux-lettres, fabriqués avec des tombées d'équarrissage d'arbres,

Un coin du refuge J. Védrine, à Belley (Ain).

Un nichoir dans le refuge Hubinet (Nord).

ce qui donne à l'appareil un air plus naturel. On peut arriver ainsi à toutes sortes de rustiques combinaisons et c'est précisément ce que M. Berthelot, d'Auxerre, a réalisé en grand avec un modèle couvert en éverite, ou ardoise artificielle.

M. Giraud se trouve bien de laisser non seulement le Lierre grimper aux arbres, mais aussi le Houblon, et il se porte garant de l'efficacité, comme abri, d'un carré de Topinambours, ou de Maïs. Encore une idée neuve. Décidément, elles abondent chez nos ingénieux adhérents. Rien à dire à propos des arbres à baies qui nourrissent les Grives et les Merles, ni des abreuvoirs.

Le nourrissage hivernal le plus économique est encore le marc de raisin après distillation. Nous avons déjà signalé le fait. Les débris de foin rendent de signalés services.

M. Giraud considère que le Chat est nuisible aux nichées bien plus qu'aux Oiseaux adultes. On doit faire du piégeage contre les petits Rongeurs. Education de l'enfance, causeries organisées dans les écoles, concours appropriés, tout un ensemble de mesures est à prendre pour empêcher le dénichage. Les dispositions législatives actuelles sont suffisantes. Il s'agit de se servir des armes qu'on possède sans en forger de nouvelles. La Commission décerne à M. Giraud un diplôme de mention honorable.

*
* *

REFUGE N° 650

Organisé par M. Claude Terrier, propriétaire, 40, rue de Savoie, à Belley (Ain).

La propriété de M. Terrier est très tranquille. Elle est close de murs et plantée d'arbres fruitiers. Les murs sont garnis de Lierre et de plantes grimpantes, l'eau est abondante. Sept bûches ont été placées en février et plusieurs sont déjà occupées. M. Terrier a constaté, à maintes reprises, les méfaits des Chats et a tout fait pour éloigner ces ennemis acharnés des Oiseaux.

La Commission décerne à M. Terrier un diplôme de mention honorable.

*
**

Refuge n° 667

Organisé par M. Georges Caccini, propriétaire, 40, rue de la Louvatière, à Belley (Ain).

M. Caccini a placé dans son jardin des nichoirs de sa confection que M. Védrine, qui s'y connaît, a déclarés des merveilles par leur originalité et par leur ressemblance avec la nature. C'est une nouvelle preuve que l'ingéniosité et la bonne volonté sont à la base de la protection des Oiseaux. Petits abreuvoirs, nourrissage, propriété close. Type de petit refuge où les Oiseaux trouvent la plus grande tranquillité.

La Commission décerne à M. Caccini un diplôme de mention honorable.

*
**

Refuge n° 599

Organisé par M. Gutknecht, propriétaire à Pinaye, près Belley (Ain).

M. Gutknecht possède une propriété de 4 hectares, dont une partie est en pépinière et dont le reste est garni de toutes sortes d'essences d'arbres fruitiers et forestiers.

Le premier essai de nidification artificielle a été fait avec 6 bûches qui ont abrité : Mésanges, Sittelles et Troglodytes. Le nombre des nichoirs sera porté à 18 cette année, et il augmentera de 6 unités annuellement.

Nourrissage hivernal. Abreuvoirs en ciment. M. Gutknecht attire notre attention sur le Chat domestique qui pullule trop facilement et pour lequel il convient d'être impitoyable, quand on constate ses déprédations.

La Commission décerne à M. Gutknecht un diplôme de mention honorable.

*
**

Conclusion

Le compte rendu des visites qu'on vient de lire prouve surabondamment que le Bugey et ses confins ne sont pas seulement « la terre promise », mais un de nos paradis d'Oiseaux. Nous devons ce résultat à M. Robin, commissaire de police à Belley, et à M. Védrine, armurier dans la même ville. Dévoués jusqu'à consacrer tous leurs loisirs à cette question de protection, ils ont entrepris et mené à bien une œuvre qui commence à porter ses fruits, par l'organisation des refuges, par l'établissement d'une société affiliée à la Fédération des Groupements français s'occupant de protection des Oiseaux et par de nombreuses sociétés scolaires.

Le nombre de nos concurrents aurait été plus considérable encore si quelques personnes, qui ont d'excellents refuges, avaient bien voulu se départir d'une modestie qui les honore. A ces adhérents nous envoyons néanmoins les félicitations de la Commission pour le travail accompli. Le grain est semé. Quelle belle moisson pour l'avenir !

*
* *

REFUGES FORESTIERS

Installés dans les forêts domaniales du département de l'Aisne, aux abords des maisons forestières, par M. Deslandres, inspecteur des Forêts.

M. Deslandres, inspecteur des Eaux et Forêts, anciennement en résidence à Laon, actuellement à Boulogne-sur-Mer, a eu l'heureuse idée de faire installer aux abords de presque toutes les maisons forestières de sa circonscription, des refuges d'Oiseaux qui comprennent la pépinière de reconstitution, l'enclos du garde et les environs immédiats de la maison forestière.

Cette tentative intéressante a été couronnée d'un plein succès. Les forestiers, qui vivent en pleine nature, aiment les animaux de la forêt et particulièrement les Oiseaux, dont ils étudient, pour la plupart, les mœurs et connaissent le chant. J'ai eu l'occasion d'apprécier leur bonne volonté et leur dévouement, toutes les fois que je me suis trouvé en contact avec eux, et je suis heureux de rendre ici hommage aux subordonnés comme à leurs chefs.

Voici, du reste, le rapport d'ensemble qui a été dressé par M. Deslandres et auquel je ne change pas un mot.

*
* *

RÉSULTATS OBTENUS DANS LES REFUGES D'OISEAUX INS-TALLÉS AUX ABORDS DE DIVERSES MAISONS FORESTIÈRES DE L'INSPECTION DE LAON.

292 nichoirs ; 816 Mésanges, 71 Rossignols de muraille, 85 Moineaux, 14 Troglodytes, 5 Sansonnets, 3 Pics-verts, 256 Oiseaux non identifiés. Total général : 1.542.

Ces chiffres sont certainement bien inférieurs à la réalité, car beaucoup de couvées se sont envolées entre les deux recensements. 15 nichoirs placés en mai sont restés vides.

Les Loirs ont causé de grands dommages en forêt de Samoussy, soit en occupant les nichoirs, soit en détruisant les couvées.

M. l'Inspecteur d'Académie de l'Aisne a accepté de faire passer une note en faveur de la protection des Oiseaux dans le bulletin professionnel des instituteurs de l'Aisne, lu par 1.500 instituteurs et institutrices.

Une action particulière a été exercée auprès de certains instituteurs de la localité forestière et auprès du directeur des verreries de Folembray (établissement occupant une centaine d'apprentis d'origine bretonne, assez dangereux pour les nids de la forêt de Saint-Gobain). Le directeur de cette verrerie a très énergiquement appuyé notre inter-vention.

Je vais me borner à exposer brièvement ici les résultats obtenus dans trois de ces refuges.

Le brigadier Colin préside aux destinées de celui qui a été intallé dans la forêt de Saint-Michel-Sougland, au lieu dit la Fontaine-à-l'Argent. Le brigadier Colin a tenu à jour un carnet où il a noté, d'après les numéros des nichoirs, la composition des nids, le nombre d'œufs ou de petits, l'espèce d'Oiseaux.

Les 44 nichoirs de ce refuge ont fait l'objet de deux visites attentives, le 23 mai et le 25 juillet 1926, cette dernière un peu tardive. Des constatations intéressantes ont été relevées au cours de ces visites et consignées par le brigadier dans un long rapport qu'il a bien voulu m'adresser et que le manque de place m'empêche de publier. La majorité des Oiseaux ayant niché dans les « boîtes-aux-lettres » de la Fontaine-à-l'Argent sont des Mésanges.

La Commission décerne à M. le brigadier Colin, une médaille de bronze grand module.

J'ai également sous les yeux le rapport du brigadier Pinson, de la forêt domaniale de Coucy-Basse, maison forestière du Rond d'Orléans, commune de Sinceny (Aisne).

Ce refuge a été installé dans les mêmes conditions que le précédent. Il compte aussi 22 boîtes-aux-lettres. Il a été visité le 13 juin et le 14 juillet 1926, et le nombre des petits constaté a été de 108.

Un panneau Citroën a été placé près de cette maison forestière et il constitue, pour les nombreux touristes de passage, une excellente propagande.

La Commission décerne à M. le brigadier Pinson un diplôme d'honneur.

Une troisième refuge intéressant est celui de la maison forestière de Folembray (Aisne). Il a été installé par M. le garde Calvel, aujourd'hui brigadier à Saint-Gobain (Aisne). La caractéristique de ce dernier refuge, c'est que les nichoirs ont une forme très originale. Ce sont, en effet, des culots d'obus, que M. le brigadier Calvel a transformés par sa propre industrie.

La Commission lui décerne un diplôme d'honneur.

*
* *

REFUGE N° 100

LA CABINE. — Commune de Locquignol, forêt de Mormal (Nord). — Superficie : 17 hectares. — Surveillant : M. le garde des Eaux et Forêts Thomas.

Bien qu'il porte le numéro 100 pour régularisation d'inscription, le refuge de la Cabine, de la forêt domaniale de

Mormal, est le premier de tous nos refuges. M. Rabouille, inspecteur des Eaux et Forêts à Valenciennes, nous avait conduit après l'armistice dans le massif, mis, on le sait, en piteux état par l'exploitation systématique ennemie. Nous avons choisi ensemble une parcelle de 17 hectares qui, depuis 1920, est constituée officiellement en refuge d'Oiseaux.

Le nombre des nichoirs installés sur les arbres dominés, qui était au début, de 42, s'est élevé progressivement. Il atteint, en ce printemps de 1927, le total de 62.

Quarante-sept de ces nichoirs ont été occupés en 1926 pendant la période de nidification, dont 24 par des Etourneaux, 12 par des Mésanges, 6 par des Troglodytes. Deux nichées d'Etourneaux n'ont pas réussi. Un nid de Mésanges a été dévalisé soit par un Chat, soit par un autre Carnassier. On sait que, sur le conseil de M. Morbach, nous avions notablement abaissé la hauteur des nichoirs à Mésanges. Cette expérience a donné de mauvais résultats à la Cabine, à cause de circonstances particulières que nous n'avons pas pu déterminer, mais qui tiennent, sans doute, à une question de sécurité.

Cinq nichoirs sont déjà hors d'usage. Le fabricant qui nous les avait fournis était peu soucieux du reste, de la qualité du bois employé! Nous n'aurons plus ce désagrément : je viens, en effet, de recevoir des échantillons de nouveaux nichoirs fabriqués par M. Carré, à Migennes (Yonne) et expédiés par la gare de La Roche. La fabrication en est soignée, le bois de bonne qualité, et la couverture en éverite, ou ardoise artificielle, paraît excellente. Ajoutons que le bon marché est aussi une circonstance favorable à l'expansion de ce nichoir. M. Berthelot (7, boulevard du 11-Novembre), à Auxerre, assume aussi la tâche de l'envoi de ces nichoirs.

Pour en revenir à la Cabine, notons que deux nichoirs ont été également occupés par des Ecureuils qui ont été délogés, mais ont récidivé. On a donc été obligé de se débarrasser de ces voisins gênants. Les Eperviers ayant causé des dégâts aux jeunes, on a dû détruire deux de leurs nids. Mais les ennemis les plus redoutables ont été les Fouines, dont on a détruit onze nichées dans la parcelle, ainsi que les Chats errants, dont deux ont été tués. Ainsi donc, dans le Nord, comme dans le Centre, nous retrouvons partout le grand ennemi des Oiseaux : le Chat, signalé par tous les protecteurs comme vraiment redoutable.

Le nourrissage hivernal à l'aide de graines, et particulièrement de Chènevis, a continué pendant l'hiver dans les mangeoires-girouettes.

La Commission décerne à M. le garde Thomas, une médaille de bronze.

*
* *

REFUGE N° 363

Organisé par M. Pol Jolibois, instituteur à Erize-Saint-Dizier, près Vavincourt (Meuse).

Le refuge 363, organisé par M. Pol Jolibois, instituteur à Erize-Saint-Dizier (Meuse), et celui de l'école communale où ont été placés neuf nichoirs fabriqués par les élèves eux-mêmes, avec l'aide de leurs parents. Les résultats obtenus à l'aide de ces nichoirs n'ont été que partiellement heureux. Le nourrissage hivernal a été pratiqué chaque année au moyen de graines diverses répandues à l'abri d'un paillasson, de paquets de plantin recueillis en bonne saison et suspendus aux arbres. La question de l'eau ne se pose pas, un ruisseau coulant à proximité du refuge. Du fil de fer barbelé enroulé autour des troncs d'arbres a empêché les Chats de grimper aux nichoirs. La destruction des Oiseaux de proie a été faite par les chasseurs de la localité, qui tuent aussi les Ecureuils. D'autre part, des pièges ont permis de se débarrasser des Fouines, dont la vente de la peau a donné une ressource appréciable.

Le dénichage a complètement disparu, grâce aux efforts de la Société de Protection fondée à l'école. L'Oiseau est partout respecté et il serait à désirer qu'il en fût ainsi dans toutes les communes de France. M. Jolibois se dit en mesure de nous assurer que dans le sud-ouest ont encore eu lieu cette année des destructions en masse de nos Hirondelles. Une communication a été faite par M. Jolibois aux agents des Eaux et Forêts sur les refuges. Une autre communication à la presse a paru dans le *Réveil de la Meuse*, et sera suivie d'un certain nombre d'autres.

La Commission décerne à M. Jolbois un diplôme d'honneur.

*
* *

REFUGE N° 331

La Sablonnière, à Machault (Seine-et-Marne), organisé par M. E. Vallon, 4, rue Rougemont, Paris.

Le refuge est ainsi constitué :

Quinze nichoirs modèles A. B. C. Ils étaient tous habités l'année dernière, sans compter des nids de Mésanges, établis dans des regards de canalisation, où ils étaient complètement à l'abri. Tous ces regards avaient un et parfois deux nids. Il y avait également beaucoup de nids de Troglodytes, de Rouges-gorges, dans les Genévriers, sous les auvents des toits, de Rossignols de muraille, de Fauvettes, de Chardonnerets, dans les arbustes récemment plantés dans le parc.

Une allée de Sorbiers comprend 25 à 30 jeunes arbres, dont les graines ont été mangées avant maturité. Beaucoup d'arbres ont été garnis de Chèvrefeuille ou de Lierre. De nombreux Troènes à baies entourent le refuge et une dizaine de Merisiers complètent le boisement.

Les Oiseaux trouvent, en tous temps, l'eau qui leur est nécessaire, dans deux pièces d'eau bordant chaque extrémité du refuge.

Le nourrissage hivernal a été commencé ce dernier hiver et a été visité par de nombreux Oiseaux. Il a consisté en graines répandues ou placées sur les bords des fenêtres. Un modèle de mangeoire suspendue a été essayé, mais il est à déconseiller totalement. Le manque de fixité effraie les Oiseaux qui n'y reviennent pas.

Les nichoirs, la nourriture, la proximité des volailles sont autant de facteurs qui attirent et retiennent les Oiseaux.

Une guerre impitoyable est faite à tous les destructeurs : Chats, Écureuils, Fouines, Belettes, Oiseaux de proie. Il est accordé une prime de destruction au garde. Aucun enfant ne pénètre dans le refuge sans être accompagné : donc, pas de dénichage, pas de destruction.

La propriété est une chasse de 300 hectares. Le refuge est établi au centre, attenant aux habitations.

M. Vallon est tout à fait d'avis de renforcer les dispositions législatives existantes.

Le Jury du prix Magaud d'Aubusson décerne à M. Vallon une médaille de bronze grand module.

*
* *

REFUGE N° 126

Domaine des Baraques, à Fons (Gard), organisé par M. S. Rouquette, propriétaire.

M. Rouquette pense que les nichoirs sont inutiles dans le climat du Midi et qu'ils sont d'ailleurs trop coûteux pour les résultats qu'ils donnent. Afin d'offrir aux Oiseaux, outre les emplacements ordinaires, des abris de nidification, M. S. Rouquette a fait des plantations de Lierre, de Sureau, de Genévriers, de Sorghos et de Lauriers-thyms. Quelques-unes de ces espèces, on le voit, nous changent des arbres et arbustes traditionnels. Deux bassins et trois abreuvoirs pour l'eau nécessaire aux Oiseaux. Nourrissage hivernal par pépins de raisin.

M. S. Rouquette est bien placé pour nous donner quelques indications utiles concernant les destructions d'Oiseaux. Il pense, en tous cas, que les dispositions de la loi sur la chasse seraient suffisantes si elles étaient appliquées. Mais on se doute bien qu'elles restent lettre morte dans le Gard. Systématiquement, on ne répond pas aux plaintes dont la Justice est saisie. Le mot d'ordre est : « pas d'histoires ! » On ferme les yeux, on se bouche les oreilles, on se mord la langue ; mais les délinquants courent toujours et peuvent récidiver sans dommage ! M. Rouquette trouve navrante la mentalité d'un certain nombre de gens qui ont acheté à l'Etat le droit de se promener avec un fusil. Rien n'est sacré pour certains d'entre eux, et tout ce qui court, tout ce qui vole, tombe sous leur plomb.

M. Rouquette a obtenu, néanmoins, dans son parc, des résultats qu'il qualifie de merveilleux. Grâce au grand nombre d'Oiseaux qu'il a attirés et retenus, il a vu disparaître Eudémis, Cochylis, Altises et Pyrales, et il assure que la Processionnaire du Pin, une calamité de la région, est en régression constante.

La Commission décerne à M. S. Rouquette un diplôme d'honneur.

*
* *

REFUGE N° 48

Organisé à Bosguérard de Marcouville, par Bourgtheroulde (Eure). — Organisateur : M. le comte de Beaucourt.

M. de Beaucourt nous déclare qu'il n'a rien innové en fait de protection des Oiseaux utiles. Il a commencé par détruire les Chats, les Ecureuils et les Oiseaux de proie. Si j'insiste sur le Chat, on va dire que je nourris de noirs desseins contre « ce saint homme de Chat, bien fourré, gros et gras », contre le Chat qui trouve que « les Moineaux ont un goût exquis et délicat ». N'accusons pas cet animal « velouté, marqueté », de tous les méfaits ; non, mais prenons toutes les précautions pour qu'il ne croque pas nos Oiseaux. Mieux vaut qu'il déjeune d'un jeune poulet de son propriétaire !

Le parc de Bosguérard est abondamment pourvu d'eau et contient des arbres à baies dont le nombre est suffisant pour l'alimentation des Oiseaux sédentaires en hiver. M. de Beaucourt traque les Moineaux.

Partout, des plantes grimpantes où les Passereaux trouvent des abris pour nicher. Au reste, M. de Beaucourt, comme M. Rouquette, est très sceptique quant aux succès obtenus par les nichoirs. Cette opinion n'est pas à dédaigner. Provient-elle d'un insuccès dû à l'installation défectueuse des appareils ? Tant de gens sont convaincus de l'efficacité des nichoirs, par suite d'une expérience prolongée, que deux échecs, n'infirmeraient pas cette efficacité.

M. de Beaucourt pose, du reste, un autre point d'interrogation concernant la nourriture hivernale. Dispenser

cette dernière sans discernement,. c'est peut-être nourrir
des espèces qu'on n'a pas d'intérêt à développer au détri-
ment des espèces réellement utiles. M. de Beaucourt n'a
pas tort de se préoccuper de cette question. L'observation
attentive des Oiseaux sédentaires, notamment au moyen
des jumelles à fort grossissement, peut nous apprendre ce
que mangent les Oiseaux qui nous visitent en hiver, ce
qu'ils choisissent dans la provende mise à leur disposition.
L'expérience enseignera vite quelles graines ou quels ali-
ments il convient d'utiliser dans les cas particuliers.
N'est-ce pas l'occasion de suggérer l'emploi de l'os à moelle,
avec lequel M. Hubinet, de Glageon, retient les Mésanges
qui lui donnent 500 petits chaque année?

La Commission est d'avis de décerner à M. de Beaucourt
un diplôme d'honneur.

*
* *

REFUGE N° 310

Organisé à la Cantée, par Ligny-le-Ribault (Loiret), par
M. Charles Valois. — Superficie : 237 hectares.

Notre excellent collègue, M. Charles Valois, se défend
de concourir pour l'attribution du prix Magaud d'Aubusson, mais le mémoire qu'il nous a adressé présente un tel
intérêt que nous ne saurions le passer sous silence.

La Cantée est entourée d'une propriété de 237 hectares
en partie boisés. Le gibier qui constitue en Sologne l'un
des principaux revenus des terres peu fertiles de ce pays,
abonde. M. Valois a eu le souci de conserver à la nature
son aspect pittoresque en ménageant, contrairement parfois à son intérêt, de longues avenues de Blancs de Hol-
lande, très élevés, et, pour la plupart, creux. De grands
Pins sylvestres branchus et des Chênes centenaires complètent cet ensemble. Ces futaies conviennent à la nidification de nombreux Oiseaux, notamment aux Grimpe-
reaux et aux Pics. Des abris d'un autre genre ont été
obtenus en laissant croître le Lierre autour des arbres et
le long des murs. On obtient ainsi le double résultat de
nourrir les Oiseaux en hiver et de leur fournir au printemps

des emplacements favorables pour leur nid. Le nourrissage hivernal a été renforcé par des distributions de Sarrasin, d'Avoine et de Maïs, et aussi de Millet et de Moha. M. Valois a constaté que les Pinsons s'abattent par nuées, en octobre et novembre, sur un carré de Moha. Enfin des pâtées à base de graisse sont distribuées périodiquement.

M. Valois avait envisagé la pose de nichoirs, mais il a constaté que les Mésanges trouvent dans ses arbres assez de trous naturels et s'en contentent. La propriété renferme aussi assez d'abreuvoirs naturels. Dans ces conditions, il suffit de temps à autre, de recreuser en pente douce, un fossé ou un trou d'eau.

Nous arrivons maintenant au chapitre des ennemis des Oiseaux. La Cantée est une propriété bien gardée, où le dénichage ne peut avoir lieu et où on ne tolère ni les pièges destinés à la capture des petits Oiseaux, ni la carabine exterminatrice. Les Rats et les Souris pullulent et causent aux couvées de sérieux dégâts. On est obligé d'enfermer le grain dans des bassines en métal, souci sérieux, il faut en convenir. Les Chats sont des ennemis autrement acharnés. Aussi M. Valois paie-t-il cinq francs par Chat détruit dans sa propriété. Les Chiens errants, les Belettes, les Hermines, Fouines et Putois sont impitoyablement détruits par le piégeage. Les Oiseaux de proie les plus nuisibles en Sologne sont : les Eperviers, les Autours, les Busards et la Buse. Sont également nuisibles : la Pie, le Geai et la Corneille noire. Enfin, l'Ecureuil, le Hérisson et la Vipère sont également des ennemis du Gibier et des Oiseaux. Les braconniers de la Sologne ne massacrent pas, et pour cause, les Oiseaux de passage : le gibier sédentaire leur suffit ! mais ils prennent le Vanneau au filet.

Le Hérisson, signalé par M. Valois comme un animal nuisible aux Oiseaux utiles, n'a pas en ce moment meilleure presse que le Chat. On l'avait pourtant réhabilité, et ses défenseurs prétendaient qu'il vivait modestement de Reptiles dangereux, d'Escargots et de Limaces. Il paraît qu'il n'en est rien. C'est, au contraire, un gros vorace qui mange gloutonnement la viande, même en état de putréfaction, et qui a pour les œufs des Oiseaux nichant à terre, une prédilection particulière. Il les recherche avec avidité, en gobe le contenu sur place et n'épargne pas la pondeuse ou la couveuse quand il la surprend sur ses œufs. Il la saisit alors par le croupion, l'enclot dans sa carapace épineuse et la dévore, intestins, plumes, et tout !

Afin de servir la cause des petits Oiseaux, il faudrait, dit M. Valois, perfectionner et vulgariser les procédés scientifiques de destruction des Rats, Souris, Lérots, Campagnols, etc. C'est pourquoi les études entreprises par M. Chappellier, notre secrétaire général, à l'Institut des Recherches Agronomiques, sont une des choses les plus importantes qu'on puisse faire pour les Oiseaux. Dans un autre ordre d'idées, M. Valois pense qu'on devrait aussi tenir compte des observations présentées au Congrès de Luxembourg de 1926, sur la nécessité de perfectionner les épouvantails et autres procédés analogues, faute desquels l'Oiseau est si souvent impopulaire chez le jardinier.

L'efficacité d'un refuge, les résultats qu'il donne ne frappent pas toujours l'imagination. Trop de causes lointaines influent sur le nombre et l'habitat des Oiseaux. Huit jours de rigoureux hiver seulement sur une partie de l'Europe, des pluies persistantes sur une contrée plus ou moins étendue peuvent être considérés comme une véritable catastrophe. Mais, à côté de ces facteurs, combien d'autres nous échappent et dont nous subissons cependant les conséquences excessives ! M. Valois se demande, par exemple, pourquoi on ne voit plus le Torcol ni le Pic-noir dans son refuge. On y rencontre cependant par centaines le Pic-vert, l'Epeiche et l'Epeichette et aussi l'Etourneau vulgaire, hôte médiocrement intéressant, il le craint, de la plupart des refuges.

M. Valois trouve les Ecureuils moins à protéger encore que les Etourneaux. Il est dans l'obligation de s'en débarrasser, et il conserve des groupes de Châtaigniers et de Noisetiers, où l'on surprend, en automne, ces animaux véritablement en surnombre ; on peut les tuer au fusil ou les piéger. Mais M. de Valois veut, avant tout, conserver à la nature un certain équilibre faunistique, c'est pourquoi il est partisan, non de destruction, mais de limitation, surtout en ce qui concerne certains Rapaces beaux et rares qu'il serait vraiment dommage de rayer de notre faune française.

Le Comité remet à M. Valois un diplôme d'honneur, commémoratif de ce concours.

*
* *

REFUGE N° 553

Contenance : 1 hectare 70 ares. — Lieudit : le Pré-Ruelle, commune de Trélon (Nord). — (Enclavé dans les coupes 14, 15 et 16 de la forêt communale). — Organisateur : M. Hubinet, filateur à Glageon.

Sur l'invitation pressante de M. Hubinet, je me suis rendu le 25 juillet 1926, en compagnie de M. Rabouille, inspecteur des Eaux et Forêts, dans une propriété organisée en refuge d'Oiseaux et située au centre d'un domaine forestier comprenant partie des communes de Glageon et de Trélon.

Il y a quelques années, l'emplacement du refuge actuel était une prairie (d'où son nom de Pré-Ruelle), où coulait un mince filet d'eau, à pente assez rapide. M. Hubinet fit construire en aval une digue épaisse, dont la hauteur est d'environ 3 mètres. Afin d'avoir de l'eau en quantité suffisante, il fit rechercher et capta deux nouvelles sources. En quelques semaines, le vallon fut transformé en un étang divisé en deux parties. Un chemin et un sentier longent l'étang et en épousent les sinuosités. Des arbres de 20 à 30 centimètres furent réservés et le tout fut enclos d'un fort grillage garni de Roseaux de marais.

Faisant de la protection depuis plus de vingt ans, M. Hubinet conçut le projet d'attirer et de retenir dans sa propriété le plus grand nombre d'Oiseaux possible, et, d'une façon à peu près empirique, il se mit à construire et à placer des nichoirs.

Les premiers résultats obtenus dépassèrent ses espérances ; mais M. Hubinet ignorait l'existence de la Ligue Française pour la Protection des Oiseaux. M. Rabouille la lui fit connaître, et, par son intermédiaire, j'entrai en relation avec le propriétaire du refuge. Je n'eus aucune peine à gagner M. Hubinet qui voulut bien me signer deux engagements, et placer ainsi son organisation sous les auspices de la Ligue. La propriété du Pré-Ruelle constitue aujourd'hui un véritable refuge modèle où rien n'a été épargné, comme on le verra, pour obtenir un plein succès.

A) *Nichoirs*. — M. Hubinet a construit et placé, ces dernières années, 52 nichoirs. Ces nichoirs sont des cavités naturelles ou des portions de troncs déjà entamés par les Oiseaux. Ils sont, pour la plupart, robustes et trapus et diffèrent par leur hauteur de ceux que nous connaissons. Le trou de vol est placé très bas, à environ 10 centimètres et même moins. Ce nichoir a donné des résultats tellement satisfaisants que je n'hésite pas à le préférer à tous les modèles construits jusqu'à ce jour. Il est vrai que le constructeur n'épargne rien pour rendre cette petite habitation aussi commode que possible. Une planchette est ménagée au bas des nichoirs et ceux-ci sont recouverts de zinc aux bords repliés. Inutile d'ajouter qu'ils sont nettoyés, vérifiés et réparés chaque année.

Résultats : En 1926, 500 Mésanges environ sont nées dans le refuge et ont pu quitter le nid artificiel sans dommage aucun. Ce magnifique résultat est dû à un piégeage intensif. Souris, Rats, Mulots, Martres, Fouines, Belettes et autres bêtes puantes sont traquées chaque jour, et le nombre de pièges en service dépasse de beaucoup celui des nichoirs.

Les insuccès sont presque nuls, grâce au piégeage d'abord, et à l'entretien des nichoirs. Dans sa propriété, en effet, M. Hubinet a installé une véritable petite habitation, pourvue de tout le confort moderne, et où l'on reçoit une bienveillante hospitalité. Tout à côté, se trouve un petit atelier de construction pour les nichoirs et les pièges de toutes espèces. Tous les appâts possibles, tout ce qui est nécessaire au nourrissage hivernal, dépôt de graines, mangeoires, etc., s'y trouve réuni. C'est un arsenal et un magasin.

Le refuge étant éloigné de plusieurs kilomètres de toute habitation, son propriétaire piège aussi les Chats sauvages qui sont de terribles ennemis pour la gent ailée. Bref, grâce aux mesures prises, les Oiseaux peuvent se reproduire en paix, et les buissons, les branches basses des arbres abritent un grand nombre de nids. Nous observons une couvée de Bouvreuils qui est à portée de la main et dont les parents n'éprouvent aucune frayeur à notre approche.

La partie haute de l'étang a été garnie de plantes aquatiques judicieusement choisies, en vue de constituer, dans deux ans au plus, d'excellents abris pour les Oiseaux d'eau.

Plusieurs petits îlots-refuges serviront aux Oiseaux qui réclament cette organisation et nul doute que le succès obtenu ne soit aussi certain que celui que nous enregistrons pour les Passereaux de toutes espèces.

B) *Plantations.* — Elles ont consisté, jusqu'ici, en Sorbiers, et en une centaine de Framboisiers et Groseilliers. Il y a aussi des plantations de Vigne-vierge et de Lierre, destinées à procurer un refuge certain aux petits Oiseaux qui nichent en plein air. Les trois sources situées dans les refuges assurent aux Oiseaux une eau abondante. On a disposé pour eux, sur les bords, des planchettes et des cailloux où ils peuvent se poser pour se désaltérer ou pour procéder à leurs ablutions.

La contrée, qui confine à l'Ardenne, est très froide en hiver. Peu d'Oiseaux sont sédentaires. Pour eux, on a disposé sous des abris en tôle ondulée, du lard et un mélange de graines composé de Blé, de Millet, de Sarrasin. Mais la provende recommandée avec instance et employée avec succès par M. Hubinet, est la moelle d'os, dont presque tous les Oiseaux sont friands. Rien de mieux pour les attirer et les retenir.

J'ai déjà parlé du piégeage. M. Hubinet a pris, dans les six premiers mois de 1926, plus de 60 bêtes puantes. Il est parvenu à se débarrasser des Rats et des Souris, qui, en 1925, avaient anéanti un grand nombre de couvées.

A la connaissance de M. Hubinet, aucun massacre d'Oiseaux n'a eu lieu dans la contrée depuis longtemps, mais il lui semble que les dispositions législatives existantes devraient être renforcées. Bien que des dénicheurs isolés aient été pris en flagrant délit, jamais les journaux n'annoncent la condamnation du délinquant. M. Hubinet pense que, dans chaque commune, une personne asser-

Nichoirs Hubinet
à trou de vol bas. - Refuge du Pré-Ruelle (Nord).

Un groupe de nichoirs. - Refuge Hubinet.

mentée pourrait être chargée de la protection, même en dehors du garde champêtre, souvent trop indulgent. M. Hubinet estime aussi que c'est par l'école, par l'effort de l'instituteur qu'on peut arriver à des résultats pratiques.

*
* *

CONCLUSIONS

M. Hubinet est heureux de faire visiter ses installations et son refuge. Son organisation modèle sera sans aucun doute imitée dans les environs. M. Hubinet se prononce pour la création des refuges de plusieurs hectares sérieusement organisés. Il pense que l'efficacité du refuge dépend de la bonne volonté du propriétaire et du nombre des pièges.

J'ai fait au Pré-Ruelle une seconde visite en septembre et j'ai constaté que quelques couples avaient encore des petits, une troisième ou quatrième couvée sans doute, à cette époque tardive.

Depuis, M. Hubinet a répandu son modèle de nichoirs. Il est lui-même venu à Paris, installer ses nichoirs à la 55ᵉ exposition d'aviculture, dans laquelle la Ligue avait un stand.

La Commission du Prix Magaud d'Aubusson, à la suite des deux visites faites au Pré-Ruelle, par MM. Rabouille, inspecteur des Eaux et Forêts, et Legros, secrétaire aux Refuges, attribue à M. Hubinet une médaille d'argent grand module.

—◆◇◆—

REFUGES DU DÉPARTEMENT DE L'YONNE

En quittant Belley, nous nous rendons à Auxerre, où M. Berthelot nous attend.

Nous commençons par visiter le refuge que M. Berthelot a installé dans son petit parc, au numéro 7 du boulevard du 11-Novembre (Refuge n° 42). La cour, qui donne sur le boulevard et dont les murs et les bâtiments sont couverts de Lierre, et où de nombreux Oiseaux nichent, est aménagée ingénieusement.

A gauche de la porte d'entrée, une petite exposition permanente très bien présentée comprend sept nichoirs de différents modèles. Et, comme si les Oiseaux avaient voulu compléter la démonstration, un Troglodyte et une Mésange ont élu domicile dans deux nichois placés à un mètre de distance. Combien de passants se sont arrêtés pour examiner ces nichoirs et pour voir les parents apporter la becquée à leurs petits ! Il y avait, le long de la grille, un groupe d'enfants fort attentifs à contempler les allées et venues des Oiseaux qui s'affairaient, afin d'apporter la pitance aux jeunes. Et les commentaires allaient bon train, et c'était là une belle leçon de confiance et de démonstration. De grands enfants aussi, de ceux pourtant que leurs affaires poussent vers les bureaux et les ateliers, s'arrêtaient également. Parfois, un passant sonnait à la la grille, afin de demander des explications, qu'on lui donnait, toujours abondantes, et c'était ordinairement un adepte de plus pour la Ligue de Protection de l'Yonne ou pour la constitution d'un refuge.

Au-dessus des nichoirs se trouve un tableau, où M. Berthelot affiche les tracts, les placards, les coupures de journaux, les nouvelles de la protection.

Dans cette même cour, à droite, un nourrissoir-nichoir, d'un grand modèle, dont j'ai parlé dans mon article sur les nichoirs et qui offre cette particularité d'être à la fois une salle à manger et une chambre à coucher. Cet appareil, monté sur pied tournant et très rustique, est fort bien conçu.

M. Berthelot vient de réaliser enfin, grâce au concours de M. Carré, à Migennes (Yonne), la fabrication de beaux et bons nichoirs à un prix abordable. On peut donc s'adresser à lui pour l'achat de ces appareils.

Ces nichoirs sont très faciles à accrocher, grâce à deux fortes agrafes, en gros fil de fer galvanisé. M. Berthelot a fait imprimer une notice où sont résumées les règles à observer pour le placement des nichoirs.

Il avait jusqu'en 1926, installé plus de 1.000 nichoirs, et son activité dans ce domaine n'avait été limitée que par le manque d'appareils. Pendant les premiers mois de 1927, M. Berthelot a recommencé la pose de nouveaux nichoirs Carré, sans abandonner toutefois les autres modèles avec lesquels il avait obtenu des résultats. En tous cas, il préconise absolument, tant pour les nichoirs-bûches, que pour les nichoirs boîte-aux-lettres, la couverture en éverite, préférable de beaucoup aux planches qui se gondolent.

Afin de généraliser l'usage des nichoirs, M. Berthelot a ouvert dans les écoles, grâce aux instituteurs, un concours de dessin s'appliquant à ces appareils et comprenant un dessin à vue d'un nichoir, accompagné d'un plan avec coupe et élévation. J'ai eu en mains les épreuves des élèves récompensés, et j'ai admiré la façon dont ils avaient représenté les appareils qu'on leur avait confiés ou qu'ils avaient auparavant fabriqués de leurs propres mains. Les prix distribués à ces enfants ont consisté en brochures et en images relatives aux Oiseaux.

Derrière la maison, dans le petit parc, de l'eau en abondance, et un bassin avec jet d'eau. M. Berthelot a d'ingénieux moules pour la fabrication des petits abreuvoirs en ciment destinés aux Oiseaux. Il en a placé partout dans sa propriété, car il estime que c'est un facteur de premier ordre pour attirer les Oiseaux. Donnez-leur tout ce dont ils ont besoin, et ils ne quitteront guère votre propriété. Au moment de la couvée, ils vous débarrasseront bénévolement des hôtes indésirables qui attaquent et gâtent vos fruits ou vos récoltes.

Pour l'alimentation des Oiseaux, M. Berthelot a conçu toute une gamme de nourritures et toute une série de petits appareils qui ne coûtent presque rien à construire. Nous descendons dans le sous-sol de sa vaste habitation et nous y trouvons un bel atelier d'amateur, où il fabrique lui-même d'ingénieuses boîtes à graisse et à graines, qu'il distribue généreusement à tous ceux qui s'intéressent à la protection des Oiseaux.

Voici une nouveauté que je signale à tous ceux qui ont un refuge. M. Berthelot, fidèle à son principe de fournir aux Oiseaux tout ce dont ils ont besoin, met à leur disposition les principaux matériaux nécessaires à la construction de leur nid. Il attache donc, ou suspend à une branche, un énorme rouleau d'ouate, et celui-ci disparaît comme par enchantement en quelques heures. On retrouve naturellement l'ouate dans l'intérieur des nids. La plume des volailles est ramassée au râteau et disposée sous un auvent pour le plus grand agrément de ceux qui aiment un nid douillet et chaud. D'autres Oiseaux viennent visiter les boules de crin provenant de la toilette des chevaux, et chacun emporte ce qui est à sa convenance.

Visitons maintenant en détail le refuge. En dehors des grands arbres où sont fixés les nichoirs, il y a d'autres arbustes et surtout des arbres à fruits dans le verger. Dix-huit gros Poiriers en quenouille abritent autant de nichoirs. Tous ont été habités par des Mésanges, des Troglodytes, des Roitelets. L'un d'eux, que nous ouvrons au hasard, contient un nid qui abrite une famille fort nombreuse de Mésanges. Dans quelques semaines, M. Berthelot passera une revue sévère de ses appareils, leur fera subir un nettoyage sérieux et une désinfection rendue nécessaire par les souillures du nourrissage des jeunes. Le nettoyage est un point capital qui évite bien des déboires.

M. Berthelot se plaint que les Loirs et les Rats aient visité ses appareils. Il est parvenu à capturer ces hôtes indésirables, ainsi qu'une Fouine qui avait mangé tous ses Pigeons. Dire que M. Berthelot se plaint des Chats, serait superflu. Le grand nombre d'Oiseaux qui fréquentent son domaine, la présence de Volailles et de Pigeons, tout cela attire chez lui bon nombre de Raminagrobis, dont il ne peut se débarrasser. Il en est navré, d'autant plus qu'il possède lui-même des Chats autrefois utiles dans une maison de commerce et qu'il a conservés comme de vieux serviteurs. Mais il les a installés dans une vaste volière agréable et spacieuse où les félins sont logés comme des princes détrônés, en attendant que le dieu des Chats les rappelle dans son sein bienheureux ! M. Berthelot a donc résolu le problème du Chat d'une manière élégante ; il regrette que d'autres laissent errer les leurs, pour le plus grand mal des Oiseaux de son refuge.

De temps à autre, nous passons devant une mangeoire et quelques appareils attirent notre attention. Ce sont d'abord des pots de terre qui ont été fabriqués à Auxerre même par un adhérent de la Ligue, et, avec lesquels on obtient de bons résultats.

Voici encore des nichoirs en grillage garnis de mousse et destinés aux Roitelets qui les adoptent très facilement.

Notons, à ce propos, que M. Berthelot a été obligé, pour éviter les déprédations des Chats, d'engrillager très largement quelques-uns de ses nids artificiels. Ce procédé a déjà été préconisé pour les nids à terre, qu'on peut recouvrir d'une cloche de grillage maintenue au sol à l'aide de trois piquets cueillis à la haie voisine ou à l'arbre le plus proche. Les mailles du grillage doivent être choisies, de manière à laisser passer les Oiseaux qui, après quelques hésitations, s'habituent vite à les franchir.

M. Berthelot possède à l'extrémité de la ville, une autre grande propriété dont il a fait aussi un refuge et où il applique les mêmes principes.

Considérant que le Refuge de M. Berthelot est le parfait modèle du genre, que M. Berthelot, en payant de son argent et de sa personne, est parvenu à organiser dans l'Yonne 131 refuges d'une superficie de 5.236 hectares, constatant en outre que M. Berthelot est déjà titulaire de l'Aigle d'or du Permanent Wild Life Protection Fund, et qu'à titre de vice-président de la Fédération des Groupements français s'occupant de la protection des Oiseaux, il ne peut obtenir aucune récompense de la Ligue, la commission du Prix Magaud d'Aubusson propose qu'une plaquette d'argent soit attribuée à M. Berthelot, placé hors concours.

*
* *

Refuge n° 286

Organisé par M. James père, boulevard du 11-Novembre, à Auxerre (Yonne).

Accompagné de M. Berthelot, nous allons voir le refuge de M. James père, son voisin immédiat.

Nous trouvons un robuste octogénaire, alerte comme un jeune homme. Son jardin d'agrément est le type du petit refuge, avec quelques nichoirs en bonne place, une paire d'abreuvoirs en ciment et des appareils de nourrissage où l'on dispense aux Oiseaux de la graisse et des graines.

M. James se plaint des Chats, mais comment les éloigner? Le problème n'est pas facile à résoudre, parce que ces animaux arrivent à pénétrer à peu près partout. Ils n'ont pas d'ailes, mais ils ont de bonnes et solides griffes, avec lesquelles ils parviennent à s'accrocher aux aspérités et à franchir tous les obstacles, car le vertige leur est inconnu. « Je suis bien obligé de souffrir dans mon petit jardin les Chats de mes voisins, bien qu'ils dévorent à mes yeux mes Oiseaux les plus familiers et dépitent ceux qui ont établi domicile dans mes nichoirs. Mais je vous assure, et cent autres diront comme moi, que si ma propriété était seulement à cent mètres des héritages voisins, je ne me ferais aucun scrupule d'occire tous les Chats qui en franchiraient les limites. » Voilà ce que M. James nous déclare avec un accent convaincu. Cette question du Chat reviendra sur le tapis, du reste, chaque fois que j'agiterai la question de la sécurité des Oiseaux. Regardons-la, une fois pour toutes, comme pouvant être résolue individuellement par chaque adhérent.

La Commission, considérant que M. James père n'a pas seulement installé ce petit refuge, mais qu'il a mis en refuge 100 hectares dans le Calvados (refuge n° 283), 20 hectares à Litteau (Calvados) n° 284, et 70 hectares à Livry (même département), sous le n° 285, décerne à M. James père, une médaille de bronze.

*
* *

REFUGE N° 281

Organisé par Mme James, boulevard Vauban, à Auxerre (Yonne).

A M. Berthelot, sont venus se joindre : M. Charlois, secrétaire, et M. Lescail, vice-président de la Société Protectrice des Oiseaux de l'Yonne. Nous passons sur le boulevard du 11-Novembre, sur l'avenue Saint-Georges, et sur le boulevard Vauban, où toutes les belles propriétés ont été organisées en refuges d'Oiseaux. La plupart de ces refuges portent soit la plaque émaillée de la Ligue Française pour la Protection des Oiseaux, soit la plaque Citroën, généreusement envoyée sur notre demande.

M. Lescail préparait alors une brochure, qui a paru depuis et que nous avons lue avec beaucoup d'intérêt. La région bourguignonne a une importance exceptionnelle, et la nécessité de protéger les Oiseaux insectivores s'y fait sentir autant et plus que partout ailleurs. M. Lescail a donc écrit, sur ce sujet, d'un style alerte, une brochure aussi agréable à lire qu'utile à consulter. Elle rendra de grands services et nous sommes heureux de la signaler à ceux qui s'intéressent aux questions de protection.

Une autre brochure que je me garderai bien de passer sous silence est le compte rendu de l'Assemblée générale annuelle de la Société de l'Yonne. M. Charlois, secrétaire, y résume l'action de la société et celle des collaborateurs et bienfaiteurs. On mesurera toute l'étendue des succès remportés, en 1926, sur une superficie de 2.450 hectares. Ces nouveaux refuges sont l'œuvre de M. Louis Richard, délégué aux refuges, actuellement soldat au Maroc. Quand M. Louis Richard nous reviendra d'un pays dont il va certainement étudier les Oiseaux, il reprendra son action et nul doute que nous n'ayons à enregistrer des résultats plus remarquables encore.

Je voudrais vous signaler quelques renseignements que je trouve dans le compte rendu au sujet des Hirondelles, dont le nombre paraît décroître partout. Ces gentilles messagères forment cependant, dans l'Yonne, des colonies importantes, grâce à l'emploi des nids artificiels fabriqués par M. Alix Carré, de Sommecaise. A Auxerre même, il y a chez M. Bégnier, rue Bourneuil, une colonie de 190 nids. Il nous apparaît qu'il y a quelque chose à faire, un peu partout, pour multiplier les Hirondelles. Certaines grandes fermes, qui abritent une quinzaine de nids, pourraient facilement en avoir une centaine, en employant les nichoirs de M. Carré. Ceux-ci sont si ingénieusement construits que les Hirondelles les adoptent d'emblée, et si faciles à fixer aux poutres qu'une heure suffit pour en garnir un hangar ou tout endroit favorable. Créons maintenant des refuges d'Hirondelles, comme nous avons créé des refuges de Hérons.

Guidé par le président, le vice-président et le secrétaire de la société de l'Yonne, nous allons visiter les refuges d'Auxerre, qui sont presque tous de petits parcs ou de grands jardins. Celui de Mme James est garni de huit nichoirs, dont six ont été occupés, d'un petit abreuvoir, de trois mangeoires. La Commission propose Mme James, qui possède encore un autre refuge de 75 hectares, à Bris (Yonne), pour un diplôme d'honneur.

*
* *

REFUGES N°s 403 ET 404

De M. Lescail, avenue Hoche, à Auxerre, et de M. Charlois, à Auxerre.

Ces Messieurs ne disposent que d'un espace restreint. M. Lescail n'a pu placer qu'un nichoir, mais M. Charlois en a neuf. Tous deux font du nourrissage hivernal à l'aide de graines enrobées de graisse, de Chènevis, de Pommes de terre cuites et de déchets de cuisine et attirent ainsi chez eux de nombreux Oiseaux.

Je dois signaler, ici, qu'un fort mouvement s'est dessiné chez les protecteurs de l'Yonne, en faveur de l'inscription du Merle et de l'Alouette sur la liste des Oiseaux à protéger. Dans presque tous les rapports que j'ai lus, les conversations que j'ai entretenues, reviennent les mêmes demandes en faveur de ces deux Oiseaux. La parole est maintenant aux naturalistes et aux chasseurs. Pour notre compte, nous ne verrons jamais trop d'Oiseaux protégés. Même ceux qui sont considérés comme nuisibles, ont encore une utilité relative et nous ne demandons pas leur bec. Le Comité décerne à M. Lescail une mention honorable et à M. Charlois un diplôme d'honneur.

*
* *

REFUGES N°s 130 ET 134

De MM. Ledoux, rue Bobillot, et H. Garreau, rue de l'Horloge, à Auxerre (Yonne).

MM. Gareau et Ledoux ont posé chacun cinq nichoirs dans leur propriété. Ils ont également chacun deux mangeoires, dans lesquelles ils font, l'hiver, d'amples distributions de graisse, de pain et de petites graines.

Ces deux propriétaires n'aiment guère les Chats qui vagabondent, mais ils sont de ceux qui réclament en faveur du Merle et de l'Alouette.

La Commission propose MM. Ledoux et Garreau pour une mention honorable.

REFUGES Nᵒˢ 528 ET 529

De MM. Beziot et Robert, à Auxerre (Yonne).

Ces refuges sont du même type que les précédents, et aussi de même importance.

Ces messieurs appliquent consciencieusement les conseils donnés par M. Berthelot, en ce qui concerne la pose des nichoirs, le nourrissage et les abreuvoirs.

La Commission leur décerne une mention honorable.

REFUGES Nᵒˢ 79, 80, 81, 82 ET 83

De M. Eugène Carré, minotier à Mézille (Yonne).

Les refuges de M. Eugène Carré ont une superficie totale de près de 400 hectares, mais l'un d'eux est particulièrement organisé.

Les résultats sont en rapport avec le nombre des nichoirs. Le nourrissage hivernal est fait dans des conditions très favorables, car M. Carré, qui est minotier, n'a garde de laisser jeûner les Oiseaux. Non seulement, il leur donne des matières grasses et des débris de cuisine, mais il leur dispense généreusement les déchets de moulin et les graines cassées.

La Commission lui attribue une médaille de bronze.

REFUGE Nᵒ 311

Ecole Normale d'Instituteurs de l'Yonne, à Auxerre. — Directeur : M. Billionnet.

Nous nous rendons maintenant à l'Ecole Normale d'Instituteurs de l'Yonne, où M. Billionnet, prévenu de notre visite, nous attend. Ce vaste établissement est précédé d'une cour d'honneur, sur les arbres de laquelle on a placé des nichoirs, confectionnés par les élèves-maîtres de l'école. Si quelques-uns de ces nichoirs n'ont pas été occupés, il convient sans doute d'attribuer cet insuccès à l'ombre un peu épaisse des essences plantées dans la cour. Derrière le bâtiment principal, se trouve le jardin de l'école, où, sur des arbres fruitiers et dans des buissons, ont été placés d'autres nichoirs, presque tous occupés.

M. Billionnet pense comme nous qu'un refuge d'Oiseaux, organisé dans chaque école normale d'instituteurs et d'institutrices est le complément obligé d'un cours d'histoire naturelle. Les élèves-maîtres, qui participent aux exercices de l'établissement, trouveront dans l'installation et la surveillance du refuge, une excellente leçon pratique de protection des Oiseaux. Devenus maîtres, après avoir obtenu le brevet supérieur et accompli leur service militaire, ils ne manqueront pas d'établir, dans le jardin de leur école, sur une promenade publique, dans une propriété communale ou privée, un refuge qui deviendra le modèle des autres organisations protectrices de la localité. Ainsi, de proche en proche, chemineront les idées qui nous sont chères.

La Ligue se propose de signaler à M. le ministre de l'Instruction publique les éminents services que pourrait rendre à la protection des Oiseaux, l'institution d'un refuge d'Oiseaux dans chaque école normale d'instituteurs ou d'institutrices. Et cela serait d'autant plus aisé que la plupart de ces établissements ont une propriété où cette organisation est relativement facile à établir.

Le Comité, en considération des résultats obtenus et de l'importance du refuge de l'Ecole Normale d'Instituteurs d'Auxerre décerne à cet établissement une médaille d'argent.

*
* *

REFUGE N° 312

Installé à l'Ecole Normale d'Institutrices d'Auxerre (Yonne). — Directrice : Mme Vincent.

M. Berthelot n'a pas seulement exercé son action sur l'école normale d'instituteurs, mais il a aussi décidé Mme la directrice de l'école normale d'institutrices, à établir également un refuge d'Oiseaux dans cet établissement. La Société protectrice de l'Yonne a fourni les nichoirs nécessaires et le refuge fonctionne depuis deux ans. Nous ne pouvons pas affirmer que les jeunes institutrices fabriqueront de leurs propres mains les nichoirs qu'elles installeront plus tard dans leurs communes respectives. Cependant, qui sait si certaines d'entre elles ne manieront pas, pour la circonstance, la scie et le marteau ?

Mais nous n'en demandons pas tant. Il suffit de remarquer que les refuges d'Oiseaux ne sont pas seulement installés par des instituteurs, mais aussi par des institutrices. Celles-ci savent peut-être toucher le cœur de leurs élèves par d'autres raisons que ceux-là, et la sympathie est un mobile aussi puissant que l'utilité.

Nous attendons les mêmes résultats dans les deux écoles et nous espérons beaucoup de la propagande que feront en faveur de nos Oiseaux les futurs maîtres ou futures maîtresses formés à bonne école, au contact de Mme Vincent et de M. Billionnet. La Commission est heureuse, pour ces raisons, d'attribuer une médaille de bronze grand module à l'Ecole Normale d'Institutrices du département de l'Yonne, à Auxerre.

REFUGE N° 205

Asile d'aliénés d'Auxerre (Yonne).

Nous voici maintenant à l'Asile d'aliénés d'Auxerre, vaste établissement où M. Berthelot a fait placer trente nichoirs si heureusement disposés que pas un n'est resté sans locataire. Un ruisseau donne de l'eau, ce qui évite l'emploi des abreuvoirs. Le nourrissage est assuré à bon compte par des restes de cuisine, de pain, et de graisse. Des arbres à baies le complètent. Les Oiseaux sont protégés contre les Chats errants qui sont détruits. Un grand nombre de personnes qui ont eu la triste nécessité de visiter l'établissement ont demandé des renseignements à l'économat, si bien qu'on peut dire que ce refuge est un centre de propagande important.

La Commission décerne une médaille de bronze grand module à l'Asile Public d'Aliénés d'Auxerre.

*
* *

REFUGE N° 150 (7 hectares)

Refuge de la promenade publique, connue sous le nom de Jardin de l'Arbre-Sec, à Auxerre (Yonne).

Ne quittons pas Auxerre sans aller à « l'Arbre-Sec ». C'est un endroit ravissant, sur les bords de l'Yonne, et la promenade favorite des Auxerrois. Des plaques de refuge sont en bonne vue et la protection y est efficace.

Le Bureau de la Société me conduit au parc, et c'est un plaisir pour moi de me reposer quelques instants sous les arbres dont l'ample feuillage dément fort agréablement le nom de la promenade. Nous nous égaillons à la recherche des nichoirs que nous découvrons tous, sauf un, sans doute bien caché. Excellente propagande aussi que celle de ce jardin, si fréquenté, où les promeneurs peuvent voir les allées et venues des Oiseaux donnant la becquée à leurs jeunes, car tous ces nichoirs sont occupés.

La Commission est d'avis d'attribuer à la ville d'Auxerre une médaille de bronze pour l'exemple qu'elle donne au public, en constituant un refuge d'Oiseaux dans l'un de ses plus beaux parcs.

*
* *

REFUGE N° 290

Le refuge n° 290, dont nous allons nous occuper, offre cette originalité qu'il comporte le territoire entier de la commune de Marin' (Haute-Savoie), soit 558 hectares. C'est sur la suggestion de Mme Himmelspach, que cette création a été décidée.

La commune a fait poser sur son territoire, le nombre respectable de 105 nichoirs, sur lesquels on ne signale pas d'insuccès. C'est là un résultat merveilleux, on le voit. Il n'a pas été nécessaire de recourir aux plantations, car la commune comprend 17 hectares de forêt communale et 70 hectares de bois en taillis. Il y a, en outre, d'autres petits bois, de nombreux buissons et beaucoup de haies. Dans cet ordre d'idées, aucune espèce de plantation d'arbres à baies n'a été envisagée, pour la raison qu'il y a, dans la commune, plusieurs hectáres de talus plantés d'*Hippophae*, dont les baies sont suffisantes pour l'alimentation des Oiseaux.

Le besoin ne s'est pas fait sentir non plus de placer de petits abreuvoirs, car la commune est un territoire où il y a de l'eau à peu près partout. Le nourrissage hivernal a du reste été résolu par la distribution de plus de 100 kilogrammes de grains, de couennes de lard, de graisses de toutes sortes, de fruits, etc.

Il a été versé, par la commune, des primes pour la destruction des Oiseaux de proie, et on est parvenu à supprimer l'emploi des pièges et des carabines meurtrières. Des poursuites ayant été exercées contre les petits dénicheurs, le dénichage a disparu de la commune pour le plus grand bien des Oiseaux. Aucune destruction en masse d'Oiseaux n'a été signalée dans la commune ni dans les environs et M. le maire de Marin est d'avis que les mesures législatives actuelles seraient suffisantes si elles étaient appliquées. En terminant, M. le maire serait heureux que l'exemple donné par la commune de Marin soit suivi dans toutes les communes où cela peut se faire. Le jury chargé de la distribution du Prix Magaud d'Aubusson, voulant montrer l'importance qu'il attache à l'exemple de la commune de Marin, lui attribue une médaille de bronze.

*
* *

REFUGE N° 225

Organisé par Mlles Aimée et Hélène Blech, et par M. Ch. Blech. — Contenance : 6 hectares. — Immatriculé le 10 mai 1924. — Propriété de La Garenne, commune de Septeuil (Seine-et-Oise).

La propriété de La Garenne était, en fait, un refuge d'Oiseaux quand les membres de la famille Blech ont bien voulu m'écrire pour la placer officiellement sous les auspices de la Ligue. J'en fus très heureux et j'aurais voulu trouver le temps de visiter cette propriété, mais Septeuil est une commune très difficile d'accès. Mlle Aimée Blech se défend aussi, comme M. Valois, de vouloir prendre part à notre concours, mais elle ne peut me refuser de faire état de l'excellente réponse qu'elle a bien voulu envoyer au questionnaire que la Ligue avait adressé aux adhérents.

Une cinquantaine de nichoirs garnissent les arbres de La Garenne. Tous ces nichoirs n'ont pas donné satisfaction, soit que la construction laissât à désirer, soit que la pose ait été rendue défectueuse par le support qu'on y avait adapté. Je pense pour ma part que cet inconvénient ne se reproduira plus avec les nichoirs de M. Carré, qui sont munis de crochets en fil de fer galvanisé, permettant un accrochage sûr et rapide.

La propriété est garnie d'arbres feuillus, de haies et de buissons, de touffes de plantes grimpantes, qui assurent à certains Oiseaux les abris nécessaires. Il y a également des arbres à baies, de l'eau en abondance et l'hiver ne se passe pas sans de larges distributions de graines, qui sont déposées, soit sur le rebord des fenêtres au rez-de-chaussée, soit dans des récipients ou sur des murs bas, enfin, dans un kiosque couvert de chaume qui constitue un excellent abri, surtout en temps de neige.

Les Chats ne viennent pour ainsi dire plus dans le domaine depuis qu'on a dressé les Chiens à leur faire la chasse. Le piégeage n'a pas donné d'excellents résultats. Le dénichage ne se pratique pour ainsi dire plus. Les enfants ne peuvent du reste pas pénétrer dans le parc. La plaque en émail de la Ligue constitue une excellente propagande et souvent des passants demandent des renseignements qui leur sont donnés, on le pense, avec beaucoup de satisfaction.

Mlle Blech estime que la loi Grammont est insuffisante en ce qui concerne non seulement les Oiseaux, mais aussi les autres animaux. Il faudrait donc renforcer quelques-unes des dispositions législatives existantes, et on souhaiterait surtout que l'action des préfets s'exerçât d'une façon plus énergique. Mais les mesures qui paraissent les plus opportunes se rapportent, dit Mlle Blech, à l'éducation morale des enfants. Le rôle de l'instituteur en cette matière est capital. « Sans doute, il s'agit là de l'avenir, et il y a tant de choses à faire, tant de cruautés à combattre! Mais on serait néanmoins coupable de négliger l'avenir pour ne considérer que le présent. »

Pour remercier Mlles Blech et leur frère de leurs efforts, le jury leur décerne un diplôme d'honneur commémoratif.

*
* *

REFUGE N° 120

Organisé par Mme Himmelspach, villa Floréal, à Bissinges-Publier (Haute-Savoie).

Mme Himmelspach est la fondatrice d'une société d'éducation morale et sociale, dont l'activité est considérable. Faire preuve de bonté envers les animaux et envers les Oiseaux, c'est un principe qui rentre dans les buts de cette ligue et c'est la raison pour laquelle Mme Himmelspach a voulu affilier l'*Ami de l'Enfant* à la Fédération des Groupements Français pour la Protection des Oiseaux.

Mme Himmelspach a organisé des refuges d'Oiseaux, dont l'un est installé dans la villa Floréal, à Bissinges. Elle n'a pas voulu participer à notre concours, mais seulement fournir des renseignements intéressants sur le refuge de la villa où quatorze nichoirs ont été posés, où des plantations d'arbres à baies assurent aux Oiseaux une provende en temps de neige. La nourriture est du reste abondamment servie, sous forme de graines et aussi de planchettes et de goupillons enduits de graisse. Un Chien de la propriété est dressé à la chasse des Belettes et des Chats.

En souvenir de ce concours, auquel Mme Himmelspach n'a pas voulu participer, le Comité la prie d'accepter un diplôme commémoratif.

*
* *

M. J.-D. Davias, place du Baloir, à Jarnac, nous a également donné des nouvelles de son refuge, qu'il agrandit par l'annexion de parcelles voisines. (N° 20.)

Diplôme commémoratif.

*
**

Les deux refuges n°ˢ 138 et 264 ont été organisés à Vaux-sous-Laon (Aisne) et à Chambry (Aisne), par M. Froment, qui a obtenu dans l'Aisne de nombreuses adhésions à notre œuvre.

Le refuge n° 264 est celui qui a été organisé par la société scolaire de Chambry. Voici quelques renseignements à son sujet : Dix nichoirs posés dans un verger. Abreuvoirs en tôle. Nourrissage hivernal à l'aide de graines de soleil et de moutarde. Tout le matériel sert aux leçons de choses qui se tournent facilement en leçons de protection. Pas de dénichage.

M. Froment estime que chaque école devrait posséder son refuge modèle, si petit soit-il. C'est dans cette organisation que les enfants apprennent à respecter les Oiseaux et à les protéger efficacement.

Un diplôme d'honneur est décerné par la Commission à M. Froment.

*
**

M. I.-F. Delmas, de l'Opéra, a établi dans sa campagne, à Saint-Albin-de-Montbel, un refuge où il applique les conseils que lui donne M. Vuillermet, président de la Société d'Aix-les-Bains.

M. Delmas, non plus, ne veut pas concourir, mais je ne peux passer sous silence ses efforts : pose de nichoirs, plantations d'arbres touffus, édification d'abris, nourrissage hivernal.

M. Delmas désirerait non seulement que les instituteurs inculquassent aux enfants le respect des Oiseaux, mais il verrait encore d'un bon œil que les prêtres dissent au catéchisme quelques mots sur les devoirs envers les animaux. Nos Bulletins ont indiqué, en leur temps, quelques efforts dirigés dans ce sens ; ils ont même reproduit une communication papale encourageant la propagande des ligues de protection en faveur des animaux.

A M. Delmas, le jury du Prix Magaud d'Aubusson

décerne un diplôme commémoratif, en souvenir du concours des refuges d'Oiseaux.

*
* *

CONCLUSIONS

Le Concours des Refuges a eu toute l'ampleur que nous
lui désirions, et il a donné un résultat tangible, faisant
surgir quelques idées nouvelles, donnant de l'autorité à
quelques autres. Nous pensons, en tous cas, que ceux qui
nous liront pourront, dans les rapports que nous avons
résumés, puiser quelques conseils pratiques, au moyen desquels ils perfectionneront leur organisation actuelle.

Le dernier mot est loin d'être dit dans le domaine de
la protection scientifique. Quelques-uns des anciens procédés devront être adaptés aux connaissances nouvellement
acquises. Nous avons, en attendant, le devoir de répandre
nos idées et de propager nos méthodes, afin de couvrir le
pays d'organisations protectrices. Nous ne devons même
pas nous arrêter aux frontières, comme à des limites
infranchissables. Les migrations des Oiseaux ne sont pas
encore suffisamment connues, ni les routes qu'ils suivent
au cours de leurs déplacements plus ou moins longs.
N'est-il pas à craindre que les bonnes volontés ne soient
annihilées sous nos yeux dans des territoires rendus, en
quelque sorte, voisins des nôtres par la facilité toujours
plus grande des communications? En particulier, ne
serait-il pas dommage que dans l'Afrique du Nord, du
Centre et de l'Ouest, où nous avons d'immenses territoires,
on continue à massacrer sans pitié, et tout au moins sans
discernement, les Oiseaux et, avec eux, le reste de la
faune? Nous devons appliquer là-bas comme ici, les mesures nécessaires, pour conserver à tant de contrées étendues
la faune originale qui est leur patrimoine particulier et qui
est aussi, il faut bien le dire, un peu le nôtre. Nous serons
donc heureux, le jour où nous aurons fondé, dans une de
nos colonies, de fraîche ou de vieille date, la première
réserve coloniale! Dans notre pensée, elle s'appliquera
non seulement aux Oiseaux, mais encore aux animaux
rares ou en voie de disparition et même à certaines plantes

qui méritent aussi protection contre la convoitise des hommes. Semence jetée dans un sillon nouveau où peut-être mûrira le grain de l'avenir !

Nous pouvons compter sur la bienveillance de l'Administration. La direction des Eaux et Forêts a déjà permis, en effet, qu'une vingtaine de domaines forestiers soient transformés en refuges d'Oiseaux ou en réserves pour une espèce déterminée. Nous pouvons penser que le jour où une circulaire ministérielle leur parviendra, les Conservateurs et les Inspecteurs des forêts s'empresseront de rechercher, dans les cantonnements de leur circonscription, des parcelles pouvant être transformées en refuges d'Oiseaux.

En terminant, qu'il soit permis à la Commission du concours de remercier toutes les personnes qui ont facilité ce travail en fournissant des rapports sur les refuges ou en accompagnant les délégués dans leurs visites des organisations protectrices. Leur récompense serait d'apprendre, dans quelques années, qu'elles ont été imitées par un grand nombre de propriétaires et que le nombre et l'importance des refuges est en progrès constant (1).

(1) Le nombre des Refuges atteint aujourd'hui 850, en y comprenant trois Refuges coloniaux, en Algérie, au Maroc et à Madagascar. La commune de Ballaison (Savoie) a mis son territoire tout entier en Refuge. Nous atteindrons en 1928 le millième Refuge et nous en serons heureux !   A. L.

Le Gérant: F. PRÉNAT.

CHATEAUROUX. — IMPRIMERIE CENTRALE